Walter Eversheim *(Hrsg.)* · Wolfgang Bochtler · Ludger Laufenberg

Simultaneous Engineering

Erfahrungen aus der Industrie für die Industrie

86 Abbildungen

Springer-Verlag

Berlin Heidelberg New York
London Paris Tokyo
Hong Kong Barcelona Budapest

Prof. Dr.-Ing. Dr. h. c. Walter Eversheim (Hrsg.)
Dipl.-Ing. Wolfgang Bochtler
Dipl.-Ing. Ludger Laufenberg
RWTH Aachen, Werkzeugmaschinenlabor
Lehrstuhl für Produktionssystematik
Steinbachstraße 53b
52056 Aachen

ISBN 3-540-57882-X Springer-Verlag Berlin Heidelberg New York

CIP-Titelaufnahme der Deutschen Bibliothek
Simultaneous Engineering : von der Strategie zur Realisierung Walter Eversheim. - Berlin ; Heidelberg ; New York ;
London ; Paris ; Tokyo ; Hong Kong ; Barcelona ; Budapest : Springer, 1995
ISBN 3-540-57882-X
NE: Eversheim, Walter

Einbandgestaltung: Künkel + Lopka, Ilvesheim
Satz: Datenkonvertierung durch Lewis & Leins, Berlin
Herstellung: PRODUserv Springer Produktions-Gesellschaft, Berlin

SPIN: 10467393   62/3020-5 4 3 2 1 0 – Gedruckt auf säurefreiem Papier.

Vorwort des Herausgebers

Die Rahmenbedingungen, unter denen Unternehmen heute agieren, unterliegen einem stetigen Wandel. Lange Produktlebenszyklen, homogene Technologien und ein statisches Markt- und Wettbewerbsumfeld gehören heute der Vergangenheit an. Vor diesem Hintergrund wurden schon in den 70er Jahren in Japan und etwas später in den USA Strategien eingeführt, die neben einer drastischen Senkung der Innovationszeiten auch zu einer Verbesserung der Qualität von Produkt- und Produktionseinrichtungen sowie zu einer Senkung der Gesamtkosten beitragen sollten.

Kerngedanke dieser unter dem Schlagwort "Simultaneous Engineering" zusammengefaßten Strategien ist die Einsicht, daß durch die Überlappung möglichst vieler Arbeitsschritte in der Produktentstehung zum einen enorme Zeitgewinne erzielt werden können. Zum anderen ermöglicht die parallele Gestaltung von Produkt und Produktionsmittel eine frühzeitige Abstimmung von Entscheidungen bereits in der Konzeptphase. Hierdurch können späte und vor allem sehr aufwendige Änderungen am Produktdesign vermieden werden.

Simultaneous Engineering wird in der Bundesrepublik Deutschland seit Mitte der 80er Jahre vermehrt in der industriellen Praxis eingesetzt. In der VDI-Tagung "Simultaneous Engineering: Neue Wege des Projektmanagements", die 1989 in Frankfurt/M. stattfand, wurden erste Ergebnisse vorgestellt und Erfahrungen ausgetauscht. Als Fazit konnte bereits damals festgehalten werden, daß eine konsequente Umsetzung dieser Strategie eine Änderung der Unternehmenskultur erfordert. Die bislang von Großserien- und Massenfertigung geprägten Denk- und Verhaltensstrukturen führten nach F. W. Taylor zu starker Arbeitsteilung und einer Konzentration von kapitalintensiven Investitionen. Vor dem Hintergrund der sich wandelnden Märkte, Rahmenbedingungen und Paradigmen sind diese Denkweisen anzupassen, transparente und flexible Strukturen zu schaffen und Informationsmonopole zu vermeiden. Dazu ist es erforderlich, auch das jeweilige eigene Selbstverständnis aller Beteiligten in einem Unternehmen in Frage zu stellen, denn:

Simultaneous Engineering beginnt in den Köpfen der Beteiligten!

Gerade die Einführung des Simultaneous Engineering in Unternehmen ist erfahrungsgemäß oftmals von vielfältigen Problemen begleitet. Änderungen in den

Strukturen der Ablauf- und Aufbauorganisation können Skepsis und Zurückhaltung auf Seiten der Mitarbeiter bei der Umsetzung der geforderten, neuen Arbeits- und Denkweisen verursachen.

Vor dem Hintergrund dieses Handlungsbedarfes hat das Laboratorium für Werkzeugmaschinen und Betriebslehre der RWTH Aachen vor mehr als zwei Jahren einen industriellen Arbeitskreis initiiert. Vorrangiges Ziel dieses "Arbeitskreises Simultaneous Engineering" ist der Erfahrungsaustausch der Mitarbeiter aus über 15 namhaften Unternehmen unterschiedlicher Branchen, damit Problemlösungen nicht immer wieder neu gefunden oder erfunden werden müssen.

Die ersten Ergebnisse dieser Zusammenarbeit sind in dem vorliegenden Buch zusammenfassend dokumentiert. Hierzu ist anzumerken, daß diese Ergebnisse nicht als durchgängiger Leitfaden für eine branchen- und unternehmensspezifische Umsetzung des Simultaneous Engineering zu verstehen sind. Statt dessen werden Praxiserfahrungen vorgestellt, die bei der Umsetzung der wichtigsten Vorgehensweisen, Methoden und Hilfsmittel, aber auch bei Veränderungen der Ablauf- und Aufbauorganisation in vielen Unternehmen gewonnen wurden.

Für alle, die sich mit der Umsetzung des Simultaneous Engineering beschäftigen, können und sollen diese Praxiserfahrungen eine wertvolle Hilfe sein. Allen am Arbeitskreis Beteiligten und den Mitarbeitern, die bei der Gestaltung dieses Buches mitgewirkt haben, möchte ich an dieser Stelle herzlich danken.

Aachen, im März 1995   *W. Eversheim*

Inhaltsverzeichnis

Teilnehmer am Arbeitskreis „Simultaneous Engineering"

AEG AG

AEG Electrocom GmbH
Dr.-Ing. h.c. Ferdinand Porsche AG
Fichtel & Sachs AG
Friedrich Krupp AG
Ford-Werke AG
Heinrich Gillet GmbH & Co KG
Hengstler AG
ITT Automotive Europe GmbH
Kostal GmbH & Co KG
Krupp Widia GmbH
Mercedes-Benz AG
Reishauer AG
Robert Bosch GmbH
SEKURIT SAINT GOBAIN Deutschland
Siemens AG
Temic Telefunken microelectronic GmbH
Vorwerk & Co Elektrowerke KG
Laboratorium für Werkzeugmaschinen
und Betriebslehre (WZL) der RWTH Aachen

Dr.-Ing. T. Becker
Dipl.-Ing. J. Bergner
Dipl.-Ing. G. Körner
Dipl.-Ing. F. Wiedenmaier
Dipl.-Ing. K.-H. Lüpfert
Dr.-Ing. F. J. Armbruster
Dr.-Ing. O. Weiland
Dr.-Ing. G. Hopf
Dr.-Ing. S. Jacobs
Dr.-Ing. W. Rühle
Dr.-Ing. B. Dahl
Dipl.-Ing. T. Scherer
Dr.-Ing. D. Rupietta
Dipl.-Ing. H. Cronjäger
Dipl.-Ing. R. Heinz
Dr.-Ing. R. Richter
Dipl.-Physiker P. Muchel
Dipl.-Ing. S. Singer
Dipl.-Ing. K. Schirmer
Dipl.-Ing. P.-U. Uibel

Dr.-Ing. F. Lehmann
Dr.-Ing. B. Saretz
Dipl.-Ing. W. Bochtler
Dipl.-Ing. S. Breit
Dipl.-Ing. L. Laufenberg
Dipl.-Ing. A. Roggatz

1

Simultaneous Engineering

1.0 Einleitung

„Simultaneous Engineering wird Strategie der Zukunft"
[NN 89a]. Diese Schlagzeile, vor fünf Jahren am Rande eines internationalen Symposiums der Automobilindustrie
formuliert, ist nach wie vor aktuell. Der Druck auf Unternehmen, mit neuen, qualitativ besseren Produkten schneller als die Konkurrenz auf dem Markt zu sein, wächst
[NN 93]. Deshalb sind die Unternehmen bestrebt, Ent-
wicklungszyklen zu verkürzen. Hier besteht insbesondere
für die deutschen Unternehmen ein großer Handlungsbedarf. So hat eine bereits im Jahre 1985 durchgeführte Stu-
die gezeigt, daß ein großer Vorteil amerikanischer und
japanischer Unternehmen darin besteht, Produkte wesentlich schneller zur Marktreife zu bringen als ihre euro-
päischen Konkurrenten [Bro 88, War 89]. Am Beispiel der
Automobilentwicklung wird der Vorsprung von Japan
gegenüber den Europäern besonders deutlich: Während
die Japaner drei Jahre für die Entwicklung eines neuen
Modells benötigen, beträgt die Entwicklungszeit in Europa bis zu neun Jahren [Der 90].

Der Schlüssel zum Erhalt der Wettbewerbsfähigkeit liegt
somit in der gesteigerten Effektivität und Effizienz im
Produktentstehungsprozeß [Wie 92]. Unterschiedliche Ansätze und Konzepte sind anwendbar, um diese Kenngrößen
zu verbessern. In diesem Zusammenhang ist das innovativste organisatorische Integrationskonzept der letzten Jahre
zweifellos das des Simultaneous Engineering [Hol 92].
Durch die Verbindung technischer, organisatorischer und
sozialer Aspekte im Rahmen der Strategie des Simulta-

- Handlungsbedarf:
Entwicklungszeiten
verkürzen!

- Simultaneous
Engineering trägt zu
höherer Effektivität
und Effizienz bei

- Technische, organi-
satorische und soziale
Aspekte sind wichtig!

neous Engineering entstehen neue Impulse zur Steigerung der Wettbewerbsfähigkeit [Wa-Mo 92].

Branchenunabhängig wird unter dem Begriff des Simultaneous Engineering die integrierte und zeitlich parallele Produkt- und Prozeßgestaltung verstanden [Ev 93] (Bild 1.1).

Die Grundidee des Simultaneous Engineering ist, daß vormals streng sequentiell durchgeführte Abläufe zeitlich parallel bzw. überlappt durchgeführt werden. Dies erfordert teamorientierte und bereichsübergreifende Arbeitsweisen, die durch einen intensiven Austausch von Informationen gekennzeichnet sind. Durch die Zusammenarbeit bereits in der Konzeptphase der Produktentstehung erfolgt der frühzeitige Abgleich von marktseitigen Zielen und Lösungskonzepten im Hinblick auf Produkt und Produktionsmittel. Alle technischen Ergebnisse, die hierbei erarbeitet werden, sind an den übergeordneten Anfor-

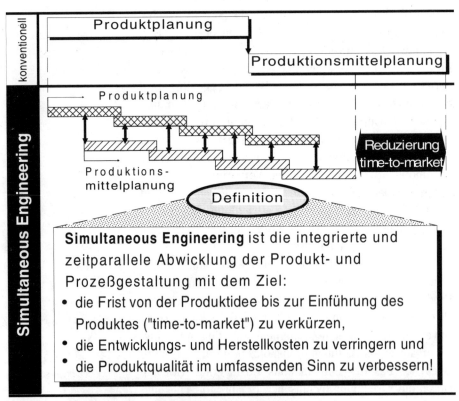

Bild 1.1: Systematik und Definition des Simultaneous Engineering

derungen des Marktes bzw. des potentiellen Kunden zu spiegeln. Der Kundenwunsch wird somit zur Handlungsmaxime aller Beteiligten. Die dafür notwendige funktionsübergreifende Zusammenarbeit der Mitarbeiter in den planenden Bereichen erstreckt sich dabei von der Produktidee über die Entwicklung und Fertigung bis zur Markteinführung des Produktes.

- Kundenwunsch ist Handlungsmaxime aller Beteiligten

1.1 Ausgangssituation in den Unternehmen

In dem Arbeitskreis Simultaneous Engineering sind Unternehmen unterschiedlicher Branchen vertreten. Durch die folgenden vier Branchentypen sind die teilnehmenden Unternehmen gekennzeichnet:

– Automobilhersteller und -zulieferer,
– Elektronikhersteller,
– Systemanlagenbau und
– Produktionsmittelhersteller.

Sowohl in der Automobil- als auch in der Elektronikbranche ist der Einsatz des Simultaneous Engineering vornehmlich auf den Produktentstehungszyklus beschränkt (Bild 1.2).

Der Grund hierfür liegt in dem zumeist anonymen Abnehmermarkt mit einer Nachfrage nach variantenreichen, aber standardisierbaren Produkten.

In Branchen, in denen sich der Kundenwunsch in den Produkten unmittelbar widerspiegelt, ergibt sich mit dem Auftragszyklus ein weiteres Anwendungsfeld des Simultaneous Engineering. Dies gilt z.B. für den Systemanlagenbau und die Hersteller von Werkzeugmaschinen, die im Rahmen der Auftragsabwicklung neutrale Basisprodukte kundenspezifisch konfigurieren und anpassen.

- Produktentstehungs- und Auftragszyklus sind Anwendungsfelder des Simultaneous Engineering

Der Produktentstehungszyklus ist mit dem Auftrags-/Lieferzyklus gekoppelt. Die wichtigste gemeinsame Nahtstelle ist dabei der Markt bzw. Kunde. Trotz der Nahtstellen sind Auftragsabwicklung und Produktentstehung durch unterschiedliche Charakteristika gekennzeichnet. Die Abläufe in der Auftragsabwicklung sind beispielswei-

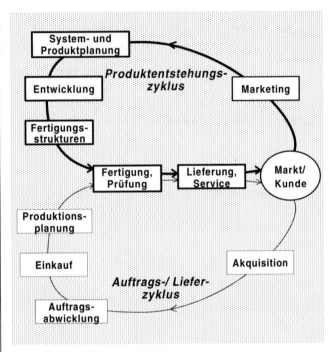

/nach: Siemens AG/

Bild 1.2: Produktentstehungszyklus

se standardisierbar. Eine wesentliche Anforderung an diese Abläufe ist daher eine hohe Effizienz der Abwicklung.

Dagegen sind Abläufe in der Produktentstehung nur grob planbar, da diese durch eine Vielzahl von z.T. unvorhersehbaren Faktoren beeinflußt wird. Ziele, z.B. hinsichtlich Zeit oder Kosten, können zwar vorgegeben werden, sind aber aufgrund der geforderten Innovation und der damit verbundenen Unwägbarkeiten schwer planbar. Insbesondere im Entwicklungsbereich werden Zeitvorgaben daher häufig überschritten. Dabei bedeuten längere Entwicklungszeiten meist nicht, daß die anderen Entwicklungsziele, wie Qualitätssteigerung und Herstellkostenreduzierung, um so sicherer erreicht werden. Studien und Befragungen von Entwicklungsleitern in der deutschen Industrie zeigen: Sowohl die Produktentwicklungszeiten und die Herstellkosten als auch andere im Pflichtenheft festgelegte Produktziele werden häufig verfehlt [Ar-Ko 93].

Als Ursachen für Termin- und/oder Kostenüberschreitungen können zunächst externe Einflüsse verantwortlich gemacht werden. Dies sind etwa Konzept- und Aufgabenänderungen infolge nachträglicher Änderungen von Kundenwünschen. Eine weitere externe Ursache ist eine unklar formulierte Aufgabenstellung durch den Kunden bzw. im Falle des anonymen Marktes durch das Marketing. Dabei führen verspätet konkretisierte Aufgabeninhalte oftmals zu zeit- und kostenaufwendigen Änderungen.

- Externe und interne Einflüsse verursachen Termin- und/oder Kostenüberschreitungen

Neben externen Einflüssen sind in großem Umfang aber auch interne Faktoren für nicht erreichte Zielvorgaben verantwortlich. So zeigt eine im Rahmen des Arbeitskreises durchgeführte Untersuchung, daß neben den o.g. Konzept- und Aufgabenänderungen vor allem Kapazitätsprobleme zu Termin- und Kostenüberschreitungen führen (Bild 1.3).

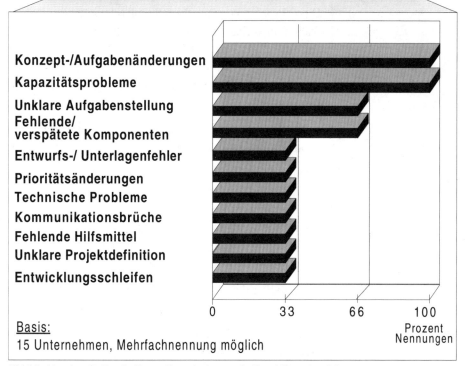

Bild 1.3: Ursachen für Termin-/Kostenüberschreitungen im Entwicklungsbereich

Eine hohe Kapazitätsauslastung der Mitarbeiter sowie unrealistische zeitliche Vorgaben führen häufig zu starkem Termindruck in der Produktentstehung. Dadurch wird die Qualität der Arbeitsergebnisse schlechter. Kommunikationsbrüche führen dazu, daß z.B. die Belange der Produktionsmittelplanung nicht oder nur unzureichend bei der Produktplanung berücksichtigt werden. Vielen Mitarbeitern fehlen Kenntnisse darüber, wie die eigenen Ergebnisse in den gesamten Produktentstehungsprozeß eingebunden sind und welche Notwendigkeit zur frühzeitigen Abstimmung von Lösungsansätzen sich hieraus ergibt.

- Wechselnde Prioritäten vermeiden

Eine wechselnde Priorisierung von Aktivitäten ist die Folge von unpräzisen Zielvorgaben bei gleichzeitig herrschendem hohen Termindruck. Die Folgen sind wiederholte Einarbeitungszyklen bei Entwicklungsschleifen und damit hohe „geistige Rüstzeiten" der beteiligten Mitarbeiter.

Generell ist festzustellen, daß oftmals strukturelle Probleme innerhalb von funktional geprägten Unternehmen eine effektive und effiziente Zusammenarbeit verhindern. Diese Probleme in der Produktentstehung lassen sich in Sach- und Verhaltensprobleme einteilen. Dabei zeigt sich, daß mehr als die Hälfte aller auftretenden Probleme während der Produktentwicklung nicht auf Sach-, sondern auf Verhaltensprobleme zurückzuführen sind (Bild 1.4) [Rei 90].

- Funktionale Organisationen begünstigen Sach- und Verhaltensprobleme

Zu den größten Verhaltensproblemen im Verlauf der Produktentstehung zählen u.a.:

- mangelndes Verantwortungsbewußtsein,
- umständliche Entscheidungsfindung,
- ungenügendes Kommunikationsverhalten,
- fehlende Team- und Kritikfähigkeit,
- Hierarchie- und Abteilungsdenken sowie
- starke Funktionsorientierung.

Dem stehen die folgenden bekannten Sachprobleme gegenüber:

- ungenaue Zielvorgaben,
- „Overengineering",
- fehlende Projektplanung,

Über 50% der Probleme in Produktentwicklungen sind auf Verhaltens- und nicht auf Sachprobleme zurückzuführen / nach: SCHMELZER /

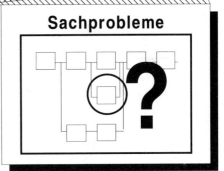

Bild 1.4: Probleme in der Produktentstehung

– Schnittstellenvielfalt,
– Informationsdefizite,
– Intransparenz der Abläufe,
– starke Interdependenzen zwischen Vorgängen und
– viele rückgekoppelte Prozesse.

Sowohl Schnittstellen und „Mauern" als auch Informations-monopole behindern die offene Kommunikation und den Informationsaustausch. Als Resultat hiervon sind in vielen Unternehmen Hindernisse entstanden, die den täglichen Arbeitsablauf stören [Wal 91] (Bild 1.5).

　　Die Ursachen hierfür liegen in einer ausgeprägten Ar-beitsteiligkeit, in deren Folge bereichsspezifische Ziele und Verhaltensweisen zu beobachten sind. Das in den Köpfen der Mitarbeiter vorhandene Know-how existiert häufig ausschließlich in Form von „Erfahrungswissen" einzelner Experten und ist nicht ausreichend dokumen-tiert. Dies verhindert den erforderlichen Wissenstransfer zwischen den Mitarbeitern und führt zu unnötiger Doppel-arbeit. Aus diesen sachlichen Schwierigkeiten können leicht verhaltensbedingte Probleme resultieren, die sich in einer fehlenden Akzeptanz zwischen den Mitarbeitern äußern. Marketing-, Entwicklungs- und Produktionsfach-

• Arbeitsteiligkeit ist Ursache vieler Probleme

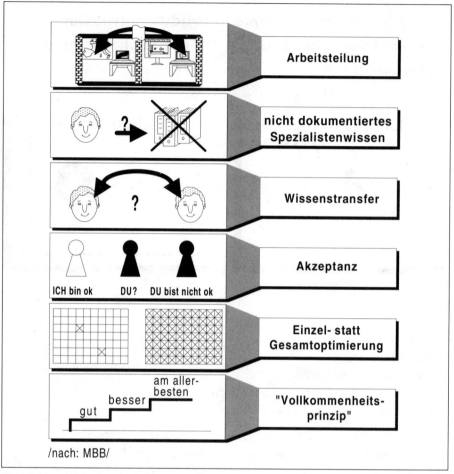

Bild 1.5: Haupthindernisse der täglichen Arbeit

• Unterschiedliche
Sichtweisen erfordern
intensive Abstimmung

leute haben aufgrund ihrer spezifischen Aufgabenstellung unterschiedliche Sichtweisen auf das Produkt. Eine aufgrund der o. g. Zusammenhänge gestörte Kommunikation führt daher in der Regel zu suboptimalen Lösungen, die durch funktional ausgerichtete Unternehmensorganisationen begünstigt werden.

Zusammenfassend kann festgestellt werden, daß – branchenübergreifend – der Erfolg der Umsetzung des Simultaneous Engineering insbesondere von den Mitarbeitern abhängig ist. Veränderte Verhaltensweisen setzen dabei ein Umdenken voraus. Dies erfordert sowohl die vorbehaltlose Zustimmung des Top-Managements zu der Einführung des Simultaneous Engineering als auch die Erkenntnis der beteiligten Mitarbeiter, daß durch diesen Ansatz die tägliche Arbeit erleichtert wird. Hilfreich hierzu sind sowohl Schulungen und sonstige qualifizierende Maßnahmen als auch die stufenweise Einführung des Simultaneous Engineering im Rahmen konkreter Pilotprojekte.

- Einführung des Simultaneous Engineering setzt Umdenken voraus

1.2 Ziele und Potentiale des Simultaneous Engineering

Wesentlichen Einfluß auf die angestrebten Ergebnisse von Simultaneous Engineering Projekten haben die übergeordneten Unternehmensziele. Zu diesen Zielen zählt in erster Linie die schnelle Umsetzung von Marktbedürfnissen in qualitativ hochwertige Produkte zu marktgerechten Preisen. Dabei sollte die Qualität auf den Kunden bzw. den angestrebten Zielmarkt mit dessen speziellen Anforderungen ausgerichtet sein, da die Orientierung am Kundenwunsch die wichtigste Voraussetzung für den Markterfolg neuer Produkte ist.

Untersuchungen des Werkzeugmaschinenlabors (WZL) an über fünfzig erfolgreich abgeschlossenen Simultaneous Engineering Projekten in der industriellen Praxis bestätigen, daß in allen Fällen die Kundenorientierung zu den wichtigsten Leitlinien zählte. Entscheidend für den Markterfolg ist jedoch, daß markt- bzw. kundenseitige Anforderungen auch in operative Vorgaben für die Produktentstehung umgesetzt werden. An dieser „Meßlatte" können dann vor allem die erfolgsrelevanten Entscheidungen in den frühen Projektphasen ausgerichtet werden.

- Kundenorientierung ist die wichtigste Leitlinie

Die Ergebnisse der Untersuchungen zeigen, daß viele unterschiedliche Zielsetzungen mit der Einführung des Simultaneous Engineering verfolgt werden (Bild 1.6). Unabhängig von der Branche gilt, daß die Zielsetzung verkürzter Entwicklungszeiten für die Unternehmen die größte Motivation zur Umsetzung des Simultaneous Engineering ist. An zweiter und dritter Stelle folgen die Zielsetzungen zur Reduzierung der Fertigungskosten und zur Qualitätsverbesserung.

- Zeitziele sind die wichtigsten Ziele der Einführung des S. E.

Bild 1.6: Ziele realisierter S.E.-Projekte

- Zielsetzungen weisen branchen- und unternehmens-spezifische Unterschiede auf

- Zeitziele sind mit weiteren Zielen verknüpft

Auffällig ist, daß die Spannweite der verfolgten Ziele sehr groß ist. Sie reicht von dem genannten Zeitziel bis zur Einführung neuer Technologien. Dies läßt den Schluß zu, daß die mit der Realisierung verbundenen Zielsetzungen branchen- und unternehmensspezifische Unterschiede aufweisen.

Darüber hinaus sind die Ziele zum Teil voneinander abhängig. So zeigen Untersuchungen im Simultaneous Engineering Arbeitskreis, daß z.B. die Zeitziele in der Produktentstehung nicht isoliert betrachtet werden. Vielmehr sind sie mit vielfältigen positiven Erwartungen im Hinblick auf den Unternehmenserfolg verbunden. Generell erwarten die Unternehmen, daß mit der Verkürzung der Produktentwicklungszeit eine Verbesserung ihrer Wettbewerbsfähigkeit verbunden ist (Bild 1.7).

Weiterhin werden vor allem wirtschaftliche Ziele, wie die Steigerung des Umsatzes und des Erlöses sowie die mögliche Reduzierung der Preise, genannt. Die Ergebnisverbesserung wird im wesentlichen auf den möglichen Markteintritt als „Marktpionier" zurückgeführt. Zusätzlich ergibt sich die Möglichkeit eines Preisnachlasses durch den im Vergleich zum Wettbewerber früheren Markteintritt und die damit verbundene längere Erfahrungskurve.

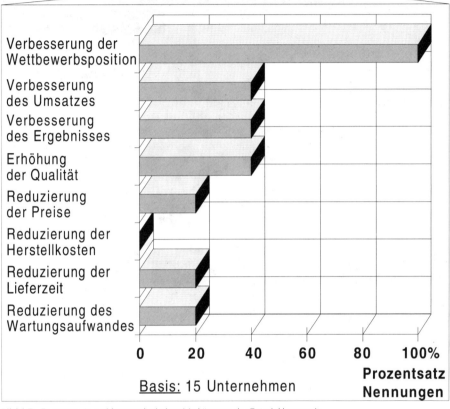

Auswirkung der Verkürzung der Produktentwicklungszeit

Verbesserung der Wettbewerbsposition
Verbesserung des Umsatzes
Verbesserung des Ergebnisses
Erhöhung der Qualität
Reduzierung der Preise
Reduzierung der Herstellkosten
Reduzierung der Lieferzeit
Reduzierung des Wartungsaufwandes

0   20   40   60   80   100%

Basis: 15 Unternehmen

Prozentsatz Nennungen

Bild 1.7: Erwartete Auswirkungen bei einer Verkürzung der Entwicklungszeit

Alle unterschiedlichen Teilziele des Simultaneous Engineering lassen sich auf die Grundziele eines jeden wirtschaftlichen Denkens und Handelns zurückführen: Mit der Organisationsstrategie des Simultaneous Engineering werden Kosten-, Qualitäts- und Zeitziele realisiert (Bild 1.8). Die Ausprägungen dieser Ziele, die alle der Steigerung der Kundenzufriedenheit oder der Verbesserung der eigenen Wettbewerbssituation dienen, sind jedoch unternehmensspezifisch. Daher muß auch die Einführung und Umsetzung des Simultaneous Engineering in der industriellen Praxis auf die jeweiligen Unternehmensziele ausgerichtet sein.

• Einführung des S.E. muß auf die jeweiligen Unternehmensziele ausgerichtet sein!

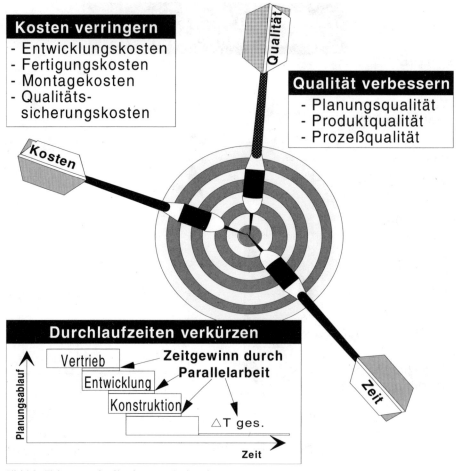

Kosten verringern
- Entwicklungskosten
- Fertigungskosten
- Montagekosten
- Qualitäts-
  sicherungskosten

Qualität verbessern
- Planungsqualität
- Produktqualität
- Prozeßqualität

Durchlaufzeiten verkürzen

Planungsablauf

Vertrieb

Entwicklung

Konstruktion

Zeitgewinn durch Parallelarbeit

△T ges.

Zeit

Bild 1.8: Zielsetzung des Simultaneous Engineering

Unabhängig von der spezifischen Ausprägung der Ziele lassen sich jedoch einheitliche Leitlinien formulieren, die mit der Einführung des Simultaneous Engineering verbunden sind. Diese Leitlinien ergeben sich aus den Charakteristika der Produktentstehungsprozesse.

Vor allem Entscheidungen spielen dabei aufgrund ihrer Auswirkungen auf Art, Gestalt und Eigenschaften zukünftiger Produkte eine wichtige Rolle. Im Verlauf der Produktentstehung werden bei der Produktplanung schrittweise die Produktmerkmale und die jeweiligen technischen Lösungen durch Entscheidungen festgelegt. Dabei nimmt die Beschreibung der erarbeiteten Ergebnisse über die Arbeitsschritte der Planung, der Konzepterstellung, des Entwurfs und der Ausarbeitung an Detaillierung und Konkretisierung zu. Gleichzeitig nimmt jedoch der Freiheitsgrad für die weitere Lösungsfindung ab, da die Lösungen durch bereits erarbeitete Ergebnisse eingeschränkt werden. Nach dem Abschluß der Produktplanung ist daher ein hoher Anteil wichtiger technischer und wirtschaftlicher Eckdaten des Produktes und der Produktion, wie Herstellkosten, Qualitätsmerkmale, Zeitbedarf usw., festgelegt (Bild 1.9). Nach Abschluß dieser Phase sind die Ergebnisse im Verlauf der Produktrealisierung nur noch sehr begrenzt beeinflußbar.

- Freiheitsgrade nehmen im Projektverlauf ab

Für simultane Arbeitsweisen in der Produktentstehung ergeben sich daraus zwei grundsätzliche Leitlinien. Einer-

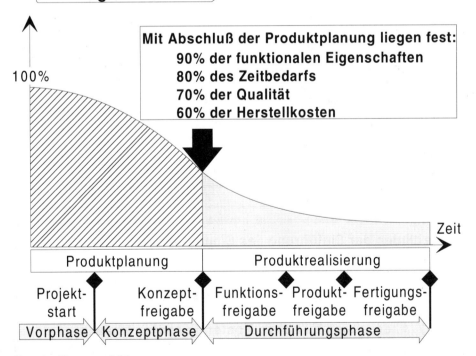

/nach: Siemens AG/

Bild 1.9: Beeinflußbarkeit der wirtschaftlichen Ergebnisse

- Verbesserungs-
potentiale nutzen!

- Änderungen
vermeiden!

seits erfordert die Nutzung von Potentialen in den frühen Phasen der Produktentstehung, daß die unterschiedlichen Entscheidungen im Hinblick auf übergeordnete Zielsetzungen abgestimmt werden. Andererseits sind zeit- und kostenaufwendige Änderungen in späten Phasen der Produktentstehung möglichst zu vermeiden (Bild 1.10).

Die später notwendigen Änderungen werden maßgeblich durch die Entscheidungen in frühen Phasen der Produktentstehung bestimmt. Um Änderungen zu vermeiden, ist es daher erforderlich, Entscheidungen frühzeitig – am

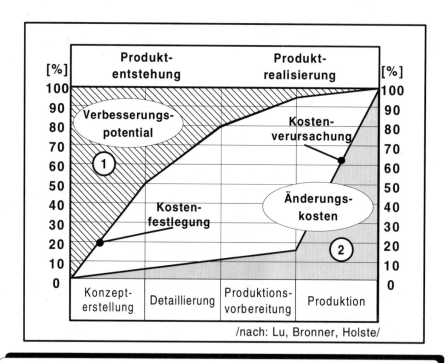

Leitlinien der Einführung des Simultaneous Engineering

① Große Verbesserungspotentiale durch abgestimmte Entscheidungen in frühen Phasen nutzen !

② Änderungen zu hohen Kosten in späten Phasen vermeiden !

Bild 1.10: Leitlinien der Einführung des Simultaneous Engineering

besten bereits auf Basis von Konzepten – abzustimmen. Hierfür sind die Anforderungen aller an der Produktentstehung beteiligten Abteilungen zu berücksichtigen. Das bedeutet, daß Marketing-, Produkt- und Produktionskonzepte, aber auch Vertriebs-, Wartungs- und Ersatzteilkonzepte in diesem Stadium der Produktentstehung zu erarbeiten und aufeinander abzustimmen sind. Da die Ergebnisse in der Konzeptphase mit wesentlich geringerem Aufwand verändert und angepaßt werden können, ergeben sich große Zeitverkürzungen und Kosteneinsparungen bei der späteren Realisierung.

• Konzepte frühzeitig, d.h. vor der Realisierung abstimmen

Verursacht durch den erhöhten Abstimmungsaufwand sind Simultaneous Engineering Projekte in der Regel durch eine deutlich verlängerte Konzeptphase gekennzeichnet. Trotz dieser Verlängerung ergibt sich aus den o.g. Gründen insgesamt eine deutliche Verkürzung der Produktentstehungszeit. Diese Erkenntnis wird durch Untersuchungen in der Praxis bestätigt.

• Verkürzte „time-to-market" trotz längerer Konzeptphase

Am Beispiel für schwere Nutzfahrzeuge zeigt sich, daß verlängerte Konzeptphasen bei sorgfältiger Planung nicht zu verlängerten, sondern im Gegenteil zu relativ kurzen Gesamtentwicklungszeiten führen (Bild 1.11).

Für die Realisierung des Simultaneous Engineering sind daher Maßnahmen, die in der Konzeptphase der Produktentstehung wirken, von besonderer Bedeutung.

Einen Überblick über mögliche Maßnahmenkomplexe zur Realisierung des Simultaneous Engineering zeigt, wie vielfältig mögliche Lösungsansätze sein können (Bild 1.12). Die Spannweite der Maßnahmen, die zur Unterstützung simultaner Arbeitsweisen ergriffen werden können, reicht von organisatorischen über informationstechnische bis hin zu technologischen Maßnahmen.

Neben dem flexiblen Einsatz von S.E.-Teams ist die auf die Belange des Simultaneous Engineering zugeschnittene Projektgestaltung von großer Bedeutung. Parallel bzw. integriert abzuwickelnde Abläufe ergeben sich – im Gegensatz zu sequentiellen Abläufen – nicht zwangsläufig, sondern müssen gezielt geplant und gestaltet werden. Dabei kommt erschwerend hinzu, daß zu einem Zeitpunkt die Kapazitätsbindung von Ressourcen, wie z.B. Mitarbeiter, höher ist als bei konventionellen Projekten. Gleichzeitig

• Parallele Abläufe müssen gezielt gestaltet werden

Bild 1.11: Zeitdauern von Konzeptions- und gesamter Entwicklungsphase

nehmen vorhandene Spielräume für eventuell notwendige Umplanungen ab, da die gesamte Produktentstehungszeit verkürzt ist.

Parallele Arbeitsweisen müssen jedoch nicht nur geplant, sondern vor allem realisiert werden, damit Potentiale nicht nur ausgewiesen, sondern auch erschlossen werden. Ein wichtiger Beitrag hierfür ist der Einsatz von anforderungsgerechten Methoden, Hilfsmitteln und EDV-Systemen. Wichtig ist, daß dieser Einsatz nicht bereichs-

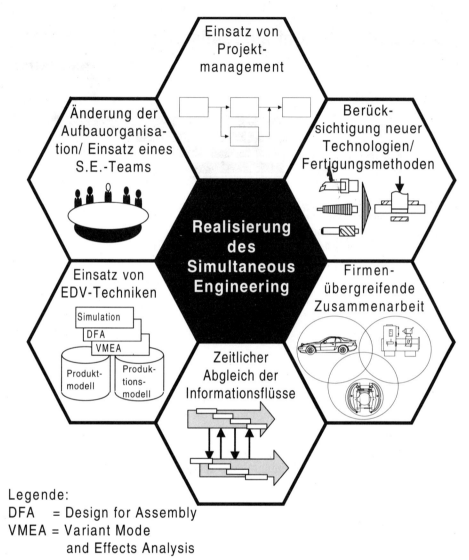

Legende:
DFA = Design for Assembly
VMEA = Variant Mode
and Effects Analysis

Bild 1.12: Lösungsansätze zur Realisierung des Simultaneous Engineering

spezifisch, sondern umfassend, d.h. interdisziplinär und gegebenenfalls unternehmensübergreifend erfolgt.

Die Potentiale, die in realisierten Simultaneous Engineering Projekten tatsächlich umgesetzt wurden, sind ebenso vielfältig wie die zugrunde liegenden Zielsetzungen (Bild 1.13). Eine empirische Analyse dieser Projekte durch das WZL zeigt, daß die angestrebten Zeitziele von vielen Unternehmen realisiert werden konnten.

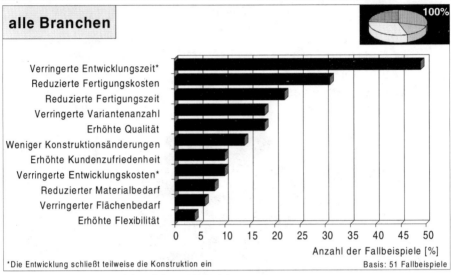

Bild 1.13: Umgesetzte Potentiale realisierter S.E.-Projekte

Gleichzeitig wird deutlich, daß darüber hinaus in nahezu 30% aller Projekte die Fertigungskosten verringert wurden.

Dadurch wird deutlich, daß die positiven Auswirkungen des Simultaneous Engineering nicht auf den Produktentstehungszyklus beschränkt sind. Vielmehr ergeben sich wesentliche Rationalisierungseffekte auch im Verlauf des sich anschließenden Auftragsabwicklungszyklus.

2 Bausteine des Simultaneous Engineering

2.1 Zielvorgaben

Eine Leitlinie, die bei der erfolgreichen Umsetzung des Simultaneous Engineering berücksichtigt werden muß, ist die Erschließung von Verbesserungspotentialen durch abgestimmte Entscheidungen in den frühen Phasen der Produktentstehung, welche zu einer Reduzierung der Anzahl der Änderungen in den späten Phasen der Produktentstehung führen. Diese Leitlinie bezieht sich vor allem auf die Phase vor dem eigentlichen Beginn einer Produktentstehung. Hierbei ist es von entscheidender Bedeutung, vor dem Start der eigentlichen Konzeptphase über abgestimmte Zielvorgaben bezüglich des zu entwickelnden Produktes zu verfügen. Denn mit dem Ende der Konzeptphase liegt ein Großteil der erreichbaren Zeit-, Qualitäts- und Kostenziele des neuen Produktes bereits fest. Diese Ergebnisse sind in der späteren Durchführungsphase nur noch geringfügig zu beeinflussen. Durch eine abgestimmte Festlegung der Zielvorgaben kann gewährleistet werden, daß alle Ziele und Anforderungen, die an das neue Produkt gestellt werden, bei der Realisierung des Produktes auch erreicht werden.

Diese Abstimmung ist ein entscheidender Faktor für eine erfolgreiche Produktentstehung, da durch abgestimmte Zielvorgaben der in Bild 2.1 dargestellte „Teufelskreis" der Anforderungsfestlegung durchbrochen werden kann. Eine ungenügend abgestimmte Festlegung der Anforderungen an ein neu zu entwickelndes Produkt führt zu Änderungen der Aufgabenstellung während der Produktentstehung. Dies führt zu langen Entwicklungszeiten, bei denen sich die Anforderungen an das Produkt durch die

- Wichtig: Abgestimmte Zielvorgaben vor Beginn der Produktentstehung!

- Ohne Zielvorgaben entsteht ein „Teufelskreis" der Anforderungsspezifikation

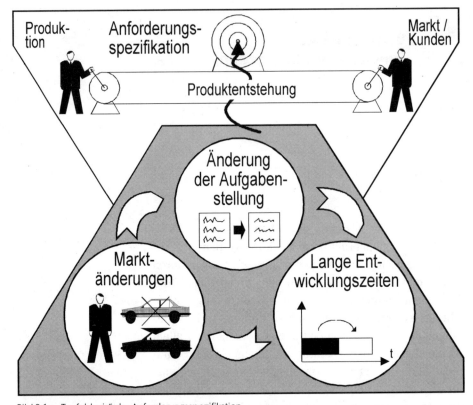

Bild 2.1:   „Teufelskreis" der Anforderungsspezifikation

Dynamik des Marktes wiederum ändern. Dadurch wird es erneut erforderlich, die Vorgaben bezüglich des zu entwickelnden Produktes anzupassen.

Um diesen „Teufelskreis" zu durchbrechen, müssen vor Beginn des eigentlichen Produktentstehungsprozesses folgende Richtlinien gelten:

• Klare Beschreibung der Aufgabenstellung

– Es muß eine klare Beschreibung der Aufgabenstellung erfolgen. Hierbei müssen alle Anforderungen an das Produkt festgeschrieben werden.

• Abgleich am Markt

– Es muß ein periodischer Abgleich zwischen den Anforderungen des Marktes und den Merkmalen und Eigenschaften des Produktes durchgeführt werden.

• Festlegung von Zielpunkten

– Um die Entwicklungszeiten kurz zu halten, müssen Zielzeitpunkte mit den zu diesen Zeitpunkten vorzulegenden Ergebnissen definiert werden. Diese Zeitpunkte werden in der Praxis auch „Gateway-Punkte" genannt.

Um alle Ziele und Anforderungen bei einer Produktentstehung zu erfassen und zu strukturieren, ist ein geeignetes Hilfsmittel erforderlich. Dieses Hilfsmittel in Form eines Lasten-/Pflichtenheftes ist eine Voraussetzung für die Abwicklung eines Produktentstehungsprojektes unter den Simultaneous Engineering Leitlinien und bildet die Basis für alle an der Entwicklung Beteiligten.

• Lasten-/Pflichtenheft zur Definition der Zielvorgaben

2.1.1 Lasten-/Pflichtenheft als Grundlage des Produktentstehungsprozesses

Zum Begriffsinhalt von Lasten- und Pflichtenheft sind sowohl in der Theorie als auch in der Praxis unterschiedliche Auffassungen zu finden. So wird sinngemäß in der VDI/VDE 3694 [VDI 91] das Lastenheft als eine Zusammenstellung aller Anforderungen des Auftraggebers, also die „Kundensicht" auf das Produkt verstanden. Diese Anforderungen an das Produkt werden als Kundenanforderungen bezeichnet. Der Auftraggeber kann hierbei auch intern sein, z.B. die Marketingabteilung.

• Lastenheft: „Kundensicht" auf das Produkt

Im Pflichtenheft sind diejenigen Anforderungen beschrieben, die zur Realisierung der Kundenanforderungen im Lastenheft notwendig sind. Diese Anforderungen werden im allgemeinen als Produktanforderungen bezeichnet. Hierbei können nach PAHL/BEITZ Fest-, Mindest- und Wunschforderungen unterschieden werden [Pab 93]. Die Produktanforderungen werden bei der Erstellung des Pflichtenheftes aus den Kundenanforderungen im Lastenheft abgeleitet. Hierzu existieren Methoden, die diese Ableitung systematisch unterstützen. Eine dieser Methoden ist das Quality Function Deployment (QFD), welches in Kapitel 2.3.1 ausführlich erklärt wird.

• Pflichtenheft: Produktanforderungen zur Realisierung der Kundenanforderungen

In der Praxis ist die strikte Trennung der Bezeichnung Lasten- bzw. Pflichtenheft häufig nicht zu finden. So ist im Arbeitskreis für das Lastenheft auch der Begriff „Was-Pflichtenheft" und analog für das Pflichtenheft „Wie-Pflichtenheft" geprägt worden. Häufig wird auch gar keine Unterscheidung zwischen Lasten- und Pflichtenheft durchgeführt, was sich durch eine Beschreibung sowohl der Kundenanforderungen als auch der Produktanforderungen in einem Dokument ausdrückt. Dies entspricht

• Unterschiedliche Bezeichnung des Lasten-/Pflichtenheftes in der Praxis

auch der VDI 2221, in der nicht zwischen Produkt- und Kundenanforderungen unterschieden wird und das entsprechende Dokument als Anforderungsliste bezeichnet wird [VDI 93]. Unabhängig von diesen Differenzen hinsichtlich der Begrifflichkeiten ist das Lasten-/Pflichtenheft mit Kunden- bzw. Produktanforderungen als Zieldefinition vor der Konzeptphase erforderlich (Bild 2.2).

Durch die Erstellung eines Lasten-/Pflichtenheftes kann gewährleistet werden, daß alle bei der Produktentstehung Beteiligten eine einheitliche Vorgabe hinsichtlich des zu entwickelnden Produktes haben. Das Lasten-/Pflichtenheft wird basierend auf Markt- und Kundenanalysen erstellt und entspricht demzufolge dem Lastenheft mit den Kundenanforderungen. Die Kundenanforderungen sind dabei nicht nur auf rein funktionale Anforderungen an das Produkt beschränkt.

• Markt- und Kundenanalysen als Basis zur Lasten-/Pflichtenhefterstellung

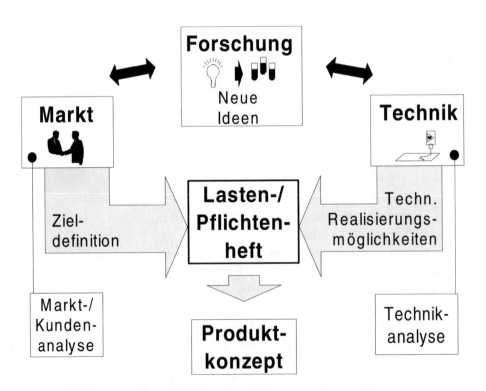

Bild 2.2: Lasten-/Pflichtenheft in der Produktentstehung

Bei der Ableitung der Produktanforderungen aus den Kundenanforderungen fließen die technologischen Möglichkeiten bezüglich der Realisierung des Produktes mit ein. Dies kann eine technologisch bedingte Grenze eines Produktmerkmales, wie z.B. der Wirkungsgrad, sein:

– minimal vom Kunden gefordert = 0,92,
– maximal technologisch realisierbar = 0,96.

Die Technikanalyse beschränkt sich jedoch nicht ausschließlich auf die Produktmerkmale, sondern bezieht auch die zur Herstellung des späteren Produktes notwendigen Technologien mit ein. Dabei ist es von hoher Bedeutung, daß die zum Zeitpunkt des potentiellen Serienanlaufes verfügbaren, für das Unternehmen wirtschaftlichsten Verfahren berücksichtigt werden. Ein geeignetes Hilfsmittel zur Technologieeinsatzplanung ist der in Kapitel 2.3.3 beschriebene Technologiekalender.

• Technikanalysen als Basis zur Lasten-/Pflichtenhefterstellung

Sowohl bei der Zieldefinition als auch bei der Analyse der technologischen Realisierungsmöglichkeiten ist es erforderlich, die neuesten Erkenntnisse aus der Forschung mit zu berücksichtigen. Nur so ist gewährleistet, daß ein innovatives Produkt entsteht, welches sich durch seine Merkmale bzw. Kosten und Qualität von den Produkten der Wettbewerber differenziert.

Neben der Berücksichtigung innovativer Technologien ist ein entscheidender Faktor für die Entwicklung eines erfolgreichen Produktes die ganzheitliche Erfassung der Kundenanforderungen. Hierzu werden vor Beginn der eigentlichen Produktentstehung Marktanalysen durchgeführt. So werden z.B. die zukünftigen Marktsegmente und der potentielle Kundenkreis sowie der am Markt erzielbare Preis für ein neues Produkt ermittelt. Diese Untersuchungen führt z.B. einer der Automobilhersteller im Arbeitskreis zyklisch und regional begrenzt durch und erfaßt hierbei u.a.

• Beispiel für Marktanalyse

– das Herstellerimage und
– das Produktimage im Konkurrenzumfeld,
– die Anforderungen der Kunden an die Produktidee,
– die Erfüllung der Anforderungen durch die Produktpalette und
– die prospektive Markenloyalität.

Inwiefern ein Produkt hinsichtlich seiner Produktmerkmale die Anforderungen des Kunden tatsächlich erfüllt,
kann durch einen Imagevergleich festgestellt werden.
Hierbei wird das Fremdimage dem Eigenimage hinsichtlich der Erfüllung der Produktanforderungen gegenübergestellt. Aus den Ergebnissen dieses Vergleiches kann abgeleitet werden, auf welche Kundenanforderungen und
damit Produktmerkmale bei einer Produktentstehung die
Ausrichtung fokussiert werden muß. In Bild 2.3 ist ein
Fallbeispiel einer solchen Analyse eines Automobilherstellers aus dem Arbeitskreis dargestellt. Hier wird
deutlich, daß das gewünschte Image des Produktes beim
Kunden bezüglich der überwiegenden Anzahl der Produktmerkmale nahezu erreicht wurde. Lediglich beim An-
schaffungspreis, den Unterhaltskosten und der Ladefläche

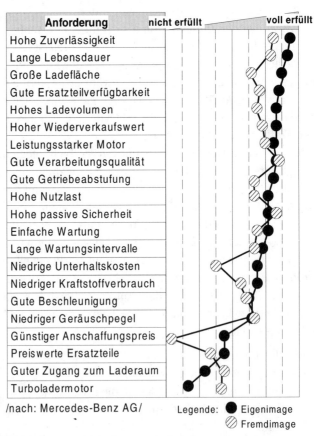

Bild 2.3: Imagevergleich: Eigen- versus Fremdimage

liegt das Image beim Kunden (Fremdimage) deutlich unter
dem selbst eingeschätzten Image (Eigenimage). Im Fallbeispiel bedeutet dies, daß bei der Entwicklung eines neu-
en Produktes vor allem diesen drei Produktmerkmalen
bzw. Kundenanforderungen Beachtung geschenkt werden
sollte, um am Markt mit einem noch attraktiveren Produkt
auftreten zu können.

Die Sicherheit und Zuverlässigkeit der Ergebnisse der
Marktanalysen und die Ableitung von Produktanforderungen im Lasten-/Pflichtenheft sind ein wichtiger Faktor für
eine erfolgreiche Entwicklung eines neuen, beim Kunden
auf die gewünschte Akzeptanz stoßenden Produktes.

2.1.2 Aufwand und Zeitpunkt der Pflichtenhefterstellung

Im Rahmen des Arbeitskreises wurden bei den teilnehmenden Unternehmen Analysen zum Thema Pflichtenhefterstellung durchgeführt. In Bild 2.4 sind die wichtigsten Aussagen zum Aufwand und Zeitpunkt der Pflichtenhefterstellung in der Praxis aufgeführt.

Die für die Pflichtenhefterstellung benötigte Kapazität
schwankt bei den untersuchten Unternehmen sehr stark
von einem halben Mannmonat bis zu drei Mannmonaten.
Der Kapazitätsbedarf korreliert hierbei u.a. stark mit der
Komplexität des Produktes und der Art der Entwicklungsaufgabe. Bei einer kompletten Neuentwicklung eines
Produktes ist der Aufwand sehr hoch, während bei einer
Weiterentwicklung eines vorhandenen Produktes der Aufwand eher gering ist, da in der Regel auf ein bereits existie-
rendes Pflichtenheft zurückgegriffen werden kann.

Probleme, die in der Praxis der Pflichtenhefterstellung
häufig auftreten, sind die langwierige Erstellung und die
schwierige Beschreibbarkeit des Leistungsprofiles des
Produktes zu Beginn des Produktentstehungsprozesses.
Dies begründet sich hauptsächlich in der Notwendigkeit
eines ständigen Abgleiches der Produktmerkmale mit den
Marktanforderungen, da diese sich vor allem bei langen
Produktentstehungszeiten verändern können und deshalb
als variabel zu betrachten sind. Die Lösung dieser Proble-

• 0,5 - 3 Mannmonate
Aufwand zur
Pflichtenhefterstellung

Basis: 15 Unternehmen   Legende:
                                   MM: Mannmonate

Bild 2.4: Aufwand und Erstellung des Pflichtenheftes

• Dynamisierung der
Pflichtenhefterstellung
erforderlich

me ist in der Dynamisierung der Pflichtenhefterstellung zu sehen (Bild 2.5). Dynamisierung bedeutet, daß die Pflichtenhefterstellung nicht als ein einmalig durchzuführender Vorgang betrachtet, sondern als iterativer Prozeß verstanden wird.

Basierend auf einem zu Beginn des Entwicklungsprozesses erstellten Pflichtenheft, welches lediglich die Kernanforderungen des neuen Produktes enthält, erfolgt eine sukzessive Ergänzung und Vervollständigung der Spezifikationen. Ein solches Pflichtenheft wird als dynamisches Pflichtenheft bezeichnet. Erst nach einem definierten Zeitpunkt, einem sogenannten „Freeze-Point", wird das Pflichtenheft „eingefroren". Häufig fällt dieser Zeitpunkt mit der Abnahme eines Prototypen zusammen.

• „Einfrieren" des
Pflichtenheftes nach
definiertem Zeitpunkt

Durch die Dynamisierung der Pflichtenhefterstellung wird eine bessere Übereinstimmung zwischen den Pro-

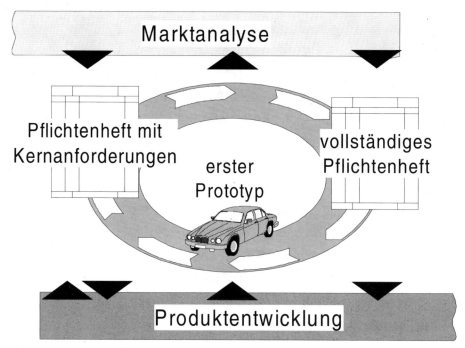

Bild 2.5: Dynamisierung der Pflichtenhefterstellung

duktcharakteristika und den Marktanforderungen erreicht, welche eine Reduzierung der durchzuführenden
Änderungen in den späten Phasen der Produktentstehung
mit sich bringt. Darüber hinaus wird durch den ständigen
Abgleich der Markt- bzw. Kundenanforderungen mit den
Produktmerkmalen sichergestellt, daß die mit der Entwicklung des Produktes verfolgten Ziele am Markt erreicht werden.

2.1.3 Inhalt und beteiligte Bereiche bei der Pflichtenhefterstellung

Bei der Erstellung eines Pflichtenheftes werden nicht nur
diejenigen Informationen und Anforderungen dokumentiert, die die Funktion eines Produktes beschreiben, sondern auch Informationen, die das Produkt über den gesamten Produktlebenszyklus von der Entwicklung und der
Herstellung über den Gebrauch bis zu Rücknahme und
Recycling des Produktes kennzeichnen. In Bild 2.6 ist eine

• Abbildung des
gesamten Produkt-
lebenszyklus im
Pflichtenheft

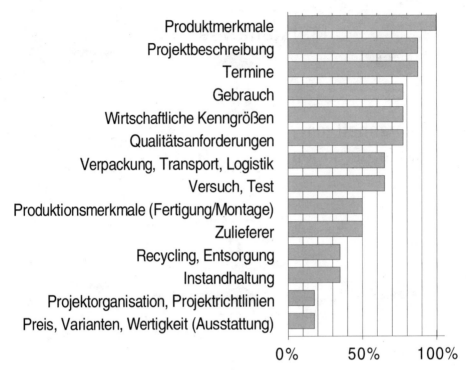

Bild 2.6: Informationen im Pflichtenheft (Basis: 15 Unternehmen)

• Pflichtenhefterstel-
lung durch alle vom
Produktlebenszyklus
betroffenen Bereiche

Übersicht über die wichtigsten Informationsarten, die in den Pflichtenheften der Unternehmen des Arbeitskreises enthalten sind, dargestellt.

Ein Pflichtenheft, welches diese kompletten Informationen enthält, ist sehr umfangreich. So beträgt z.B. das Pflichtenheft eines Anlagenbauers im Arbeitskreis ca. 160 bis 180 Seiten. Bei diesen großen Datenmengen ist der EDV-Einsatz in Form eines Datenbanksystems Voraussetzung für eine effiziente Pflichtenhefterstellung.

Um alle notwendigen Anforderungen an das Produkt über den kompletten Produktlebenszyklus zu erfassen, ist es erforderlich, daß alle Bereiche, die vom Lebenszyklus des Produktes betroffen sind, an der Pflichtenhefterstellung mitwirken. Durch die Integration aller am Produktlebenszyklus Beteiligten wird ein hoher Konsens der Anforderungsdefinition erreicht, wodurch sich der spätere Abstimmungsbedarf auf ein Minimum reduzieren läßt.

In Bild 2.7 sind die Ergebnisse der Befragung im Arbeitskreis über die Beteiligung der Unternehmensbereiche an der Pflichtenhefterstellung dargestellt.

Im Durchschnitt sind an der Pflichtenhefterstellung ca. sechs Bereiche beteiligt. Die Entwicklungsabteilungen sind hierbei in allen befragten Unternehmen hauptverantwortlich für die Erstellung und Pflege des Pflichtenheftes.

• Beteiligung an der Pflichtenhefterstellung: Durchschnittlich sechs Bereiche

2.1.4 Spezielle Merkmale des Lasten-/Pflichtenheftes beim Simultaneous Engineering

Ein Grundsatz des Simultaneous Engineering ist die Parallelisierung der Tätigkeiten in Entwicklung und Planung, um eine Beschleunigung des Entwicklungsprozesses zu

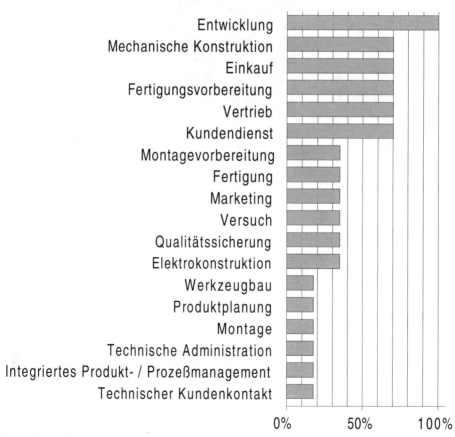

Bild 2.7: Bereichseinbindung bei der Pflichtenhefterstellung (Basis: 15 Unternehmen)

• Strukturierung der
Arbeitsinhalte vor
Beginn des Projektes

• Strukturierung er-
möglicht parallele
Abläufe und die Er-
reichung weiterer Ziele

erzielen. Dies setzt voraus, daß vor Beginn der eigentlichen Entwicklungsarbeiten die Arbeitsinhalte strukturiert und definiert sind. Da im Pflichtenheft die Vorgaben für die Produktentstehung festgeschrieben werden, muß demzufolge dort bereits die Definition der Entwicklungsaufgabe mit der Strukturierung der Anforderungen erfolgen (Bild 2.8).

Durch die Strukturierung des Pflichtenheftes können, neben der Festlegung der einzelnen Entwicklungsaufgaben als Basis für die Parallelisierung, folgende weitere Ziele erreicht werden:

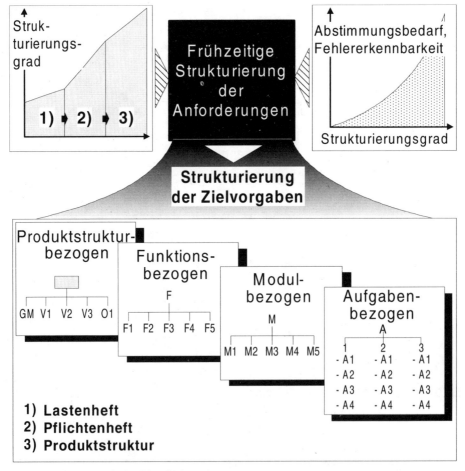

Bild 2.8: Strukturierung der Produktanforderungen

– Realisierung eines hohen Neuigkeitsgrades des Produktes bei einem hohen Wiederverwendungsgrad,
– Verringerung des Komplexitätsgrades und
– Verringerung des Variabilitätsgrades.

Die Strukturierbarkeit der Produktanforderungen korreliert mit dem Detaillierungsgrad des Produktes vom Lastenheft über das Pflichtenheft bis zur Erstellung der Produktstruktur (siehe Bild 2.8). Der Detaillierungsgrad der Strukturierung sollte, bei einem vertretbaren Aufwand, so hoch wie möglich gewählt werden, da bei einer detaillierteren Strukturierung die potentiellen Fehler leichter erkennbar sind. Dies bedeutet, daß potentielle Fehler früher identifiziert und über eine Abstimmung vermieden werden können. Dadurch kann verhindert werden, daß diese Fehler erst in den späten Phasen der Produktentstehung erkannt werden und dann dort zu aufwendigen Änderungen führen.

- Strukturierung ermöglicht frühzeitige Fehleridentifikation

Die Strukturierung der Produktanforderungen im Pflichtenheft kann in produktstruktur-, funktions-, modul- und aufgabenbezogene Teilzielvorgaben erfolgen. Hierbei hängt die Art der Strukturierung des Pflichtenheftes von Einflußkriterien wie z.B. Komplexität und Neuigkeitsgrad des Produktes ab.

Die Forderung, in den folgenden Phasen der Entwicklung parallel zu arbeiten, stellt besondere Anforderungen an die Struktur, den Erstellungsprozeß und die Inhalte eines Simultaneous Engineering konformen Pflichtenheftes (Bild 2.9).

Die Struktur eines solchen Pflichtenheftes ist modulorientiert. Dies ermöglicht ein getrenntes, aber zugleich auch paralleles Bearbeiten der unterschiedlichen Module eines Produktes. Dieses modulorientierte, Simultaneous Engineering konforme Pflichtenheft ist das Ergebnis eines zu Beginn erstellten Rahmenpflichtenheftes, welches die abgeleiteten Kern-Produktanforderungen und die Struktur der weiteren zu erfassenden Anforderungen enthält. Ausgehend von diesem Rahmenpflichtenheft werden über Teilanforderungen die Funktionsstruktur des Produktes und anschließend die Prinziplösungen für die Funktionen entwickelt. Durch eine Modularisierung der Prinziplö-

- „Rahmenpflichten-heft" als Basis für eine Strukturierung

sungen des Produktes erhält man jeweils „vollständige Pflichtenhefte" für die einzelnen Module. Dadurch kann dann eine parallele Entwicklung der einzelnen Module erfolgen.

Die Anforderungen des Simultaneous Engineering haben neben den Auswirkungen auf die Struktur und die Erstellung des Pflichtenheftes auch Einfluß auf die Inhalte. So müssen z.B. in einem Simultaneous Engineering konformen Pflichtenheft, um eine unternehmensübergreifende Produktentstehung zu ermöglichen, auch Anforderungen bezüglich einer Auswärtsvergabe von Modulen oder Komponenten berücksichtigt werden.

Dieses und die parallele Bearbeitung auf Basis von vordefinierten Modulen macht es erforderlich, zusätzliche Schnittstellenspezifikationen zwischen den Modulen zu definieren.

• Berücksichtigung von Auswärtsvergaben im Pflichtenheft

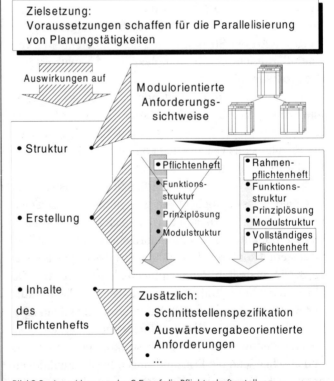

Bild 2.9: Auswirkungen des S.E. auf die Pflichtenhefterstellung

Um spätere Änderungen an den Schnittstellen zwischen den einzelnen Modulen und damit an den Modulen selbst zu vermeiden, ist es unabdingbar, die Schnittstellen zwischen den einzelnen Produktmodulen genauestens festzulegen (Bild 2.10).

Zur Definition der Schnittstellen kann hierzu als Hilfsmittel die Schnittstellenmatrix verwendet werden. Mit diesem Hilfsmittel werden alle Schnittstellen gemäß den Anforderungen der Module erfaßt. Weiterhin wird für jede Schnittstelle ein Konzept erarbeitet, welches die betreffenden Module miteinander verbindet. Diese Schnittstellenkonzepte werden den jeweiligen Modulen im Pflichtenheft hinzugefügt. Die Festlegung der inhaltlichen Reihenfolge der Entwicklung der einzelnen Module erfolgt auf Basis

• Schnittstellendefinition:
– Ermöglicht paralleles Arbeiten
– Vermeidet Änderungen

• Schnittstellenmatrix als Hilfsmittel zur Schnittstellendefinition

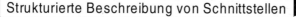
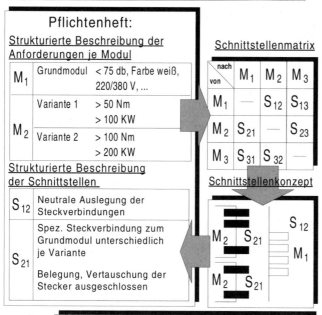

/nach: AEG Electrocom GmbH/

Bild 2.10: Fallbeispiel: Festlegung von Schnittstellen

der strukturierten Anforderungsspezifikation. Ergibt sich
während der Entwicklung eines Moduls ein zu Beginn
nicht vorhersehbarer Änderungsbedarf an einer Schnittstelle, kann aus der Schnittstellenmatrix entnommen werden, welche anderen Module von der Änderung betroffen
sind. Danach können dann die entsprechenden Maßnahmen eingeleitet werden.

2.1.5 Lasten-/Pflichtenhefterstellung von Hersteller und Zulieferer

• Frühzeitige Einbe-
ziehung der Zulieferer
in die Pflichtenhefter-
stellung

In der Phase der Pflichtenhefterstellung ist die frühzeitige
Einbeziehung der Zulieferer zu entwickelnder Module
bzw. Komponenten von großer Bedeutung für eine erfolgreiche Produktentstehung. Ein Hersteller von elektro-
nischen Fahrzeugkomponenten stellt aus seiner Sicht
hierbei folgende Forderungen hinsichtlich eines unternehmensübergreifenden Simultaneous Engineering Projektes
auf:

- Gemeinsame Kostenoptimierung für das zuzuliefernde
  System bzw. Modul,
- Gemeinsame Optimierung der „Time to Market",
- Gemeinsame Festlegung des Zeitpunkts der Rapid Pro-
  totyping Erstellung,
- Abgleich der Projektpläne zu einem übergreifenden Pro-
  jektplan und
- Gemeinsame Erstellung eines Pflichtenheftes vor Be-
  ginn der eigentlichen Modul- bzw. Systementwicklung.

Der Ablauf zur Erfüllung der letzten Forderung, der gemeinsamen Erstellung eines Pflichtenheftes für das Zuliefermodul, stellt sich in der Regel wie folgt dar:

Aus den im Pflichtenheft des Herstellers beschriebenen
Anforderungen für Module oder Komponenten, die extern
beschafft werden sollen, wird ein Lastenheft für den Zulieferer erstellt. Dieses Lastenheft dient als Basis für die
Ableitung des Pflichtenheftes des Zulieferers und enthält
außer den Anforderungen des Herstellers an Geometrie,
Funktionalität etc. auch den maximalen Preis des Zuliefer-
teils bzw. -systems (Bild 2.11).

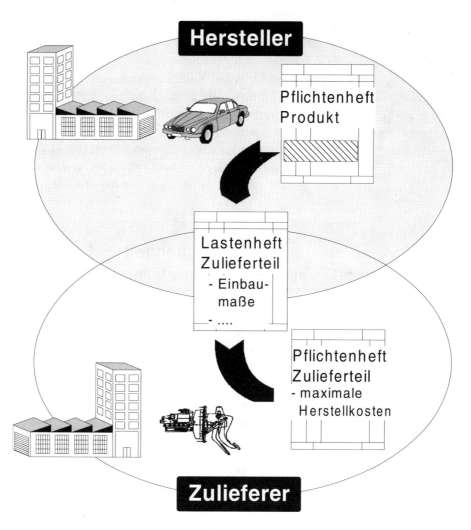

Bild 2.11: Lasten-/Pflichtenheft zwischen Hersteller und Zulieferer

Hierbei ist es wichtig, daß der Zulieferer bereits an der Pflichtenhefterstellung des Herstellers und der Lastenhefterstellung für das Zuliefermodul beteiligt ist und dort sein Know-how bei der Definition des Moduls einbringen kann. Hierdurch wird gewährleistet, daß im Hinblick auf die zugelieferten Komponenten und Module ein möglichst hoher Erfüllungsgrad der Produktanforderungen mit der gewünschten Qualität zu einem möglichst günstigen Preis erzielt werden kann. Das Gesamtoptimum des Produktes steht bei dieser Art der Zusammenarbeit im Vordergrund.

• Einbeziehung des Zulieferers ermöglicht Gesamtoptimum von Zeit, Kosten und Qualität

• Beispiel für Lasten-/
Pflichtenheft eines
Automobilherstellers

So hat z.B. bei einer alleinigen Erstellung des Lastenheftes durch den Hersteller der Zulieferer keinen Einfluß
auf die Gestaltung der Schnittstellen und kann das Modul
nur innerhalb dieser „Blackbox" optimieren.

In Bild 2.12 ist ein Beispiel für den Aufbau und die
Strukturierung eines Lasten-/Pflichtenheftes eines Automobilherstellers dargestellt.

Die Vorgaben für das Gesamtprodukt im Lasten-/Pflich-
tenheft, wie z.B. Zielvorgaben, Programm, Vertriebsstra-
tegie usw., werden im Rahmen der Arbeiten weiter de-

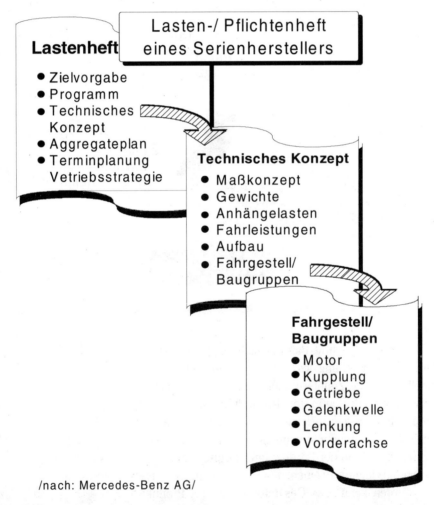

/nach: Mercedes-Benz AG/

Bild 2.12: Lasten-/Pflichtenheft eines Serienherstellers

tailliert. Der Aufbau zeigt die Strukturierung des Pflichtenheftes am Beispiel des technischen Konzeptes für das Fahrgestell und die zugehörigen Baugruppen. Durch diese Strukturierung können die Anforderungen an die einzelnen Module festgelegt werden. In dieser Phase der Erstellung werden bereits die Zulieferer für die extern zu beschaffenden Module festgelegt und mit in die Erstellung einbezogen. Die Angaben, die im Lasten-/Pflichtenheft des Herstellers gemeinsam mit dem Zulieferer festgeschrieben werden, bilden die Basis für das Lasten-/Pflichtenheft des Zulieferers eines Moduls. Ein Beispiel eines solchen Lasten-/Pflichtenheftes für einen Serienzulieferer ist in Bild 2.13 dargestellt.

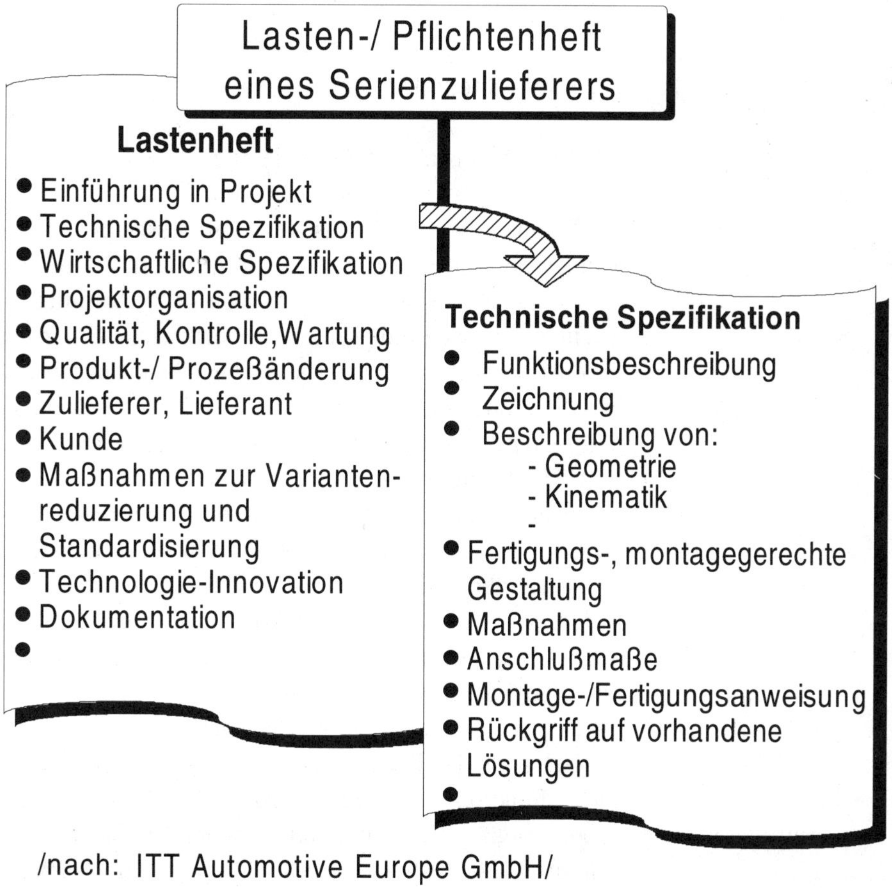

Lasten-/ Pflichtenheft eines Serienzulieferers

Lastenheft

- Einführung in Projekt
- Technische Spezifikation
- Wirtschaftliche Spezifikation
- Projektorganisation
- Qualität, Kontrolle, Wartung
- Produkt-/ Prozeßänderung
- Zulieferer, Lieferant
- Kunde
- Maßnahmen zur Variantenreduzierung und Standardisierung
- Technologie-Innovation
- Dokumentation
-

Technische Spezifikation

- Funktionsbeschreibung
- Zeichnung
- Beschreibung von:
  - Geometrie
  - Kinematik
  -
- Fertigungs-, montagegerechte Gestaltung
- Maßnahmen
- Anschlußmaße
- Montage-/Fertigungsanweisung
- Rückgriff auf vorhandene Lösungen
-

/nach: ITT Automotive Europe GmbH/

Bild 2.13: Lasten-/Plichtenheft eines Serienzulieferers

Ein wichtiger Bestandteil dieses Lasten-/Pflichtenheftes ist die genaue technische Spezifikation des zuzuliefernden Moduls. Aber auch die Preisfindung, die Abwicklung des Projekts oder z.B. die beim Zulieferer eingesetzten Methoden zur Sicherung der Produktqualität werden im Rahmen der Lasten-/Pflichtenhefterstellung festgelegt.

Durch eine gemeinsam abgestimmte Erstellung des Lasten-/Pflichtenheftes können die System- und Modullieferanten ihr Know-how bereits in den entscheidenden frühen Phasen der Produktentstehung mit einbringen, was letztendlich zu einer verkürzten Entwicklungszeit durch die Definition von klaren Schnittstellen führt. Darüber hinaus kann dadurch auch eine Kostensenkung und Steigerung der Produktqualität erreicht werden. Dies gilt vor allem für technologisch anspruchsvolle Module und Systeme.

2.2 Ablaufgestaltung

2.2.1 Problemstellung der Ablaufgestaltung

Am Beginn des Produktentstehungsprozesses gilt es, die Kundenforderungen zu erkennen. Im weiteren Verlauf des Produktentstehungsprozesses werden diese Anforderungen in technische Produktmerkmale und schließlich in ein Produkt umgesetzt. Die Basis hierfür bilden das Lasten- bzw. Pflichtenheft, in denen die Kundenanforderungen und die daraus resultierenden technischen Anforderungen spezifiziert werden.

Die im Pflichtenheft dokumentierten Forderungen müssen danach in ein technisches Konzept überführt werden. Aus dem Pflichtenheft lassen sich die dazu notwendigen Aufgaben ableiten. Eine effektive und effiziente Ablauforganisation der Produktentstehung muß daher an diesen Aufgaben ausgerichtet sein.

Die Organisationsform der Unternehmen ist häufig historisch nach den Prinzipien des Taylorismus gewachsen. Dieser funktionsorientierte Ansatz sah eine Zerlegung von Arbeitsvorgängen vor und hatte eine starke Arbeitsteiligkeit zur Folge. Insbesondere bei steigender Komplexität des Produktes und der zugehörigen Herstellprozesse, hoher Variantenvielfalt und dem Zwang, Entwicklungszeiten zu verkürzen, resultieren daraus Schwachstellen, die sich nach Untersuchungen des Arbeitskreises den folgenden Komplexen zuordnen lassen (Bild 2.14):

- Kompetenz und Aufgabenverteilung,
- Informationsfluß und Zusammenarbeit,
- Beziehungen zu Lieferanten,
- Planungsgrundlagen und
- Planungsmethodik.

Die Mitarbeiter verlieren die ganzheitliche Sichtweise auf das Unternehmen und seine Aufgaben, wenn die ihnen übertragenen Aufgaben funktions- und verrichtungsorientiert gebildet werden. Bereichs- und abteilungsorientierte Zielsetzungen sind die Folge. Vielfach steht dann lediglich die Erfüllung spezifischer Aufgaben im Vordergrund, wodurch die abteilungsübergreifenden Gesamtzusammenhänge, wie z.B. zwischen Produkt und Produktion, nicht mehr ausreichend beachtet werden.

• Funktionsorientierung verhindert den Blick auf Gesamtzusammenhänge

Das „Abteilungsdenken" wird durch die hohe Arbeitsteiligkeit stark gefördert, was oftmals zu einer späten oder gar fehlenden Einbindung anderer Abteilungen führt. In der Praxis ist die mangelnde Zusammenarbeit darin begründet, daß die notwendigen organisatorischen Schnittstellen fehlen bzw. die Synchronisation zwischen Schnittstellen unzureichend ist. Es zeigt sich jedoch, daß für die Schwachstelle „Informationsfluß und Zusammenarbeit" die hauptsächlichen Ursachen in einem bei den Mitarbeitern manifestierten „funktionalen", abteilungsorientierten Denken liegen (siehe Bild 1.5). So führen z.B. das Vollkommenheitsprinzip und die Suboptimierung in den Abteilungen dazu, daß Informationsmonopole gebildet und Informationen nur verzögert weitergegeben werden.

Eine mangelnde Zusammenarbeit ist nicht nur zwischen Abteilungen eines Unternehmens zu finden, sondern läßt sich auch bei unternehmensübergreifenden Kooperationen mit Lieferanten feststellen. Diese Beziehungen gestalten sich durch besondere Hemmnisse wie Geheimhaltung, Preispolitik etc. sehr schwierig. Nach Untersuchungen des Arbeitskreises läßt sich generell feststellen, daß die Hersteller-Zulieferer-Beziehung zu wenig vertrauensvoll ge-

• Unternehmensübergreifendes S.E. setzt Vertrauen voraus

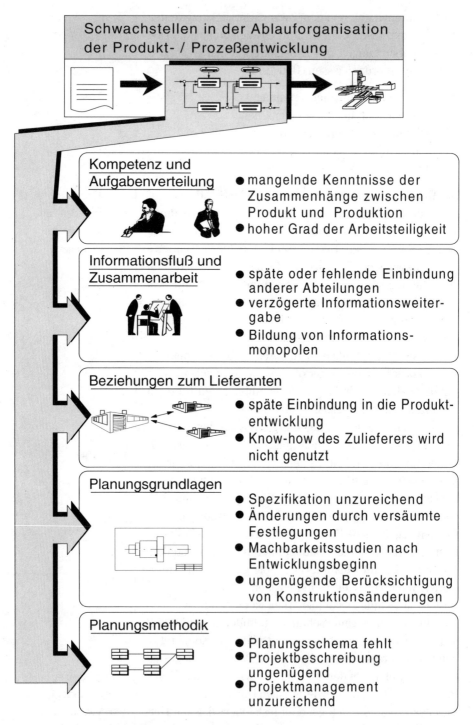

Schwachstellen in der Ablauforganisation der Produkt- / Prozeßentwicklung

Kompetenz und Aufgabenverteilung
- mangelnde Kenntnisse der Zusammenhänge zwischen Produkt und Produktion
- hoher Grad der Arbeitsteiligkeit

Informationsfluß und Zusammenarbeit
- späte oder fehlende Einbindung anderer Abteilungen
- verzögerte Informationsweitergabe
- Bildung von Informationsmonopolen

Beziehungen zum Lieferanten
- späte Einbindung in die Produktentwicklung
- Know-how des Zulieferers wird nicht genutzt

Planungsgrundlagen
- Spezifikation unzureichend
- Änderungen durch versäumte Festlegungen
- Machbarkeitsstudien nach Entwicklungsbeginn
- ungenügende Berücksichtigung von Konstruktionsänderungen

Planungsmethodik
- Planungsschema fehlt
- Projektbeschreibung ungenügend
- Projektmanagement unzureichend

Bild 2.14: Schwachstellen der Ablauforganisation

staltet wird. Vertrauensvolle Zusammenarbeit bedeutet in
diesem Zusammenhang vor allem, daß die in der Koopera-
tion erbrachten Leistungen wechselseitig anerkannt und
honoriert werden.

Oftmals wird der Zulieferer erst zu einem späten Zeitpunkt in den dann schon fortgeschrittenen Produktentstehungsprozeß eingebunden, wodurch dessen Know-
how nicht bzw. nicht in vollem Umfang genutzt wird.
Erkenntnisse aus dem Arbeitskreis zeigen, daß ohne eine
ausreichende Vertrauensbasis eine kooperative Produktentstehung nicht möglich ist. Sowohl der frühzeitige Austausch sensibler Daten als auch die Problematik der Auf-
teilung gemeinsam erwirtschafteter Erlöse und des Tei-
lens von Risiken bei rechtlich eigenständigen Partnern
bedingen ein hohes gegenseitiges Vertrauen. Ansätze zur
Gestaltung von unternehmensübergreifenden Geschäftsprozessen, wie z.B. der Entwicklungsverbund, setzen aus
diesen Gründen auch in der Hauptsache das Vertrauen der
beiden Entwicklungspartner voraus.

Eine weitere Schwachstelle innerhalb der Ablauforganisation der Produktentstehung ist in den unzureichenden
Planungsgrundlagen zu finden. In der Praxis sind die Entwicklungsaufgaben oftmals nur unzureichend spezifiziert.

• Entwicklungsaufga-
ben müssen richtig
strukturiert und spezi-
fiziert sein!

Dies kann zum einen ein Verständnis- bzw. Interpreta-
tionsproblem sein, wenn die Forderungen des Marktes
nicht bzw. falsch verstanden werden oder wenn diese Forderungen durch den „Filter" des Marketing verfälscht weitergegeben werden. Zum anderen liegt das Problem häufig
darin begründet, daß in die Definition und Strukturierung
der Entwicklungsaufgabe nicht genügend Zeit und Mit-
arbeiterressourcen investiert werden. Dadurch wird die
Spezifikation verfrüht – unter einem falsch verstandenen
Druck des Marktes – freigegeben. Die Folgen einer ver-
frühten Freigabe der Spezifikation sind falsche oder versäumte Festlegungen, woraus oftmals späte Änderungen
zu hohen Kosten resultieren. Bei der Gestaltung und Festlegung der Planungsgrundlagen werden die Forderungen
des Marktes in der Praxis zu selten bzw. nicht intensiv ge-
nug aus Sichtweise des Marketing sowie der Entwick-
lungs- und Produktionsfachleute gesehen. Durch eine ver-
spätete Einbindung der Produktionsfachleute werden z.T.

Machbarkeitsstudien erst lange nach Entwicklungsbeginn durchgeführt. Negative Ergebnisse führen dann wiederum zu aufwendigen Änderungen.

Unabhängig von der Qualität der Planungsgrundlagen ist die in den Unternehmen vorzufindende Planungsmethodik in vielen Fällen eine wichtige Schwachstelle. Neben fehlender Planungsschemata und ungenügender Projektbeschreibungen ist besonders ein unzureichendes Projektmanagement für Unzulänglichkeiten verantwortlich. Die heutzutage genutzten Projektmanagementsysteme sind nicht in der Lage, die komplexen Zusammenhänge der Produktentstehung unter dem Fokus des Simultaneous Engineering transparent abzubilden.

Insgesamt kann anhand der im Arbeitskreis erworbenen Erkenntnisse festgestellt werden, daß die arbeitsteilige und sequentielle Ablauforganisation ineffektiv und ineffizient ist. Der Handlungsbedarf zur Gestaltung effektiver und effizienter Abläufe ist offensichtlich.

2.2.2 Prozeßanalyse und -optimierung

Vor dem Hintergrund dieses Handlungsbedarfes werden im folgenden Lösungsansätze vorgestellt, durch deren Umsetzung viele der genannten Schwachstellen überwunden werden können. Darüber hinaus werden Beispiele erfolgreicher Umsetzungen des Simultaneous Engineering Konzeptes im Hinblick auf die Ablauforganisation geschildert.

Anhand der aufgezeigten Schwachstellen wird deutlich, daß die Randbedingungen, unter denen eine tayloristische Organisationsform in der Produktentstehung richtig und sinnvoll war, sich geändert haben. Dementsprechend müssen neue Ansätze verfolgt werden, die den veränderten Rahmenbedingungen Rechnung tragen. Die Abkehr von der funktionsorientierten hin zu einer prozeßorientierten Organisation ist hierbei ein wichtiger Lösungsansatz.

Das Besondere eines Prozesses ist seine Ziel- und Ergebnisorientierung (Bild 2.15). Diese wird dadurch erreicht, daß Prozesse – im Gegensatz zu Funktionen – eine umfassende Betrachtung über das Ziel der zu erfüllenden Aufgaben und Bearbeitungsschritte, über die zu integrie-

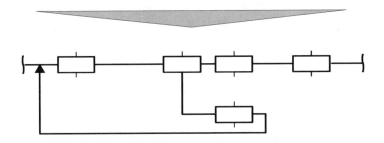

Prozesse

- zielen auf die Erfüllung von Aufgaben,
- umfassen verschiedene Bearbeitungsschritte,
- integrieren Abteilungen / Mitarbeiter / Ressourcen,
- erzeugen und verarbeiten Informationen,
- werden durch Informationen / Entscheidungen gesteuert
- und sind somit:

ziel- und ergebnisorientiert!

Bild 2.15: Definition von Prozessen

renden Abteilungen, Mitarbeiter und Ressourcen und über die zu erzeugenden und zu nutzenden Informationen voraussetzen. Dadurch wird die transparente Einordnung der von den beteiligten Mitarbeitern erzeugten Informationen und somit der Mitarbeiter selbst in den Gesamtprozeß ermöglicht.

• Transparenz ist wichtige Voraussetzung für Optimierung

Darüber hinaus müssen die Teilergebnisse eines jeden Prozesses einen Beitrag zur Realisierung zuvor festgelegter Ziele leisten. Das heißt, Prozesse müssen ihre „Mission" erfüllen [Ha-Thu 93].

Ausgehend vom übergeordneten Ziel der Erfüllung von Kundenwünschen oder Marktanforderungen werden die sukzessive im Verlauf der Produktentstehung zu erreichenden Teilziele bzw. -ergebnisse definiert. Die Aufgabe der Ablaufgestaltung lautet nun, die zur Erarbeitung dieser Teil- bzw. Zwischenergebnisse notwendigen Prozeßketten so zu gestalten, daß diese Teilziele so effizient wie möglich realisiert werden.

Prozesse sind in der Regel zu Prozeßketten verknüpft. Diese stellen somit die ablauforganisatorische Verbindung von Teilaufgaben dar. Dabei muß beachtet werden, daß Prozeßketten objektorientiert gebildet werden. Beispielsweise ist der „Entwicklungsauftrag" ein Objekt der Prozeßkette „Produktentstehung". Durch diese Objektorientierung ist eine transparente Zuordnung des Ressourcenverzehrs und der Feststellung des Wertschöpfungsbeitrags zu Prozeßketten möglich.

Aufgrund der Bedeutung der Prozeßorientierung für die Produktentstehung wurden im Arbeitskreis die relevanten Kennzeichen von Prozessen abgeleitet (Bild 2.16).

Generell läßt sich jeder Prozeß als eine zu Prozeßketten vernetzte Folge von Einzelprozessen, auch Aktivitäten genannt, verstehen. Jeder Prozeß hat immer mindestens einen „Lieferanten" und mindestens einen „Kunden". Mit „Lieferant" und „Kunde" können sowohl der vor- bzw. nachgelagerte Prozeß als auch die entsprechende Abteilung bzw. ein Mitarbeiter gemeint sein [Fro 92].

Vom „Lieferanten" erhält ein Prozeß als Input ein Produkt oder eine Information (z.B. eine Entwurfszeichnung) und liefert an den „Kunden" ein Produkt oder eine Information als Output ab (z.B. eine Detailzeichnung). Mit diesem Verständnis von einem „Prozeß" läßt sich ein Unternehmen als ein System von Prozessen interpretieren, in welchem über eine Fülle von internen und externen „Kunden-Lieferanten"-Beziehungen die Unternehmensziele realisiert werden.

So verstandene interne Abläufe verlangen eine Erweiterung des Verständnisses der „Kundenorientierung". Diese ist nach außen, d.h. zum Markt oder zu den externen Kunden, in der Praxis als ein oberstes Ziel erkannt. Dagegen hat die Kundenorientierung bei internen Kunden – also

- Prozeßketten verbinden Teilaufgaben

Grundsätze der Prozeßanalyse

● **Jeder Prozeß besteht aus vielen Einzelprozessen**

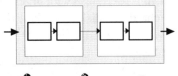

● **Jeder Prozeß hat Kunden und Lieferanten, externe und interne**

● **Jeder Prozeß erhält als Input ein Produkt oder eine Information anderer Prozesse oder von Kunden**

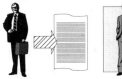

● **Jeder Prozeß liefert ein Produkt oder eine Dienstleistung als Output ab**

/nach: AEG AG/

Bild 2.16: Kennzeichen von Prozessen

nachgelagerten Prozessen, Bereichen oder Mitarbeitern –
einen eher geringen Stellenwert. In Zukunft muß nicht so
sehr die Erfüllung der eigenen Aufgaben im Vordergrund
stehen, sondern vielmehr die Erfüllung der Anforderungen der nachgelagerten Bereiche. Hier zeigt sich ein weiterer Vorteil des prozeßorientierten Gestaltungsansatzes
gegenüber dem funktionsorientierten.

Die Erfüllung der Anforderungen nachgelagerter Bereiche und damit die Ziel- und Ergebnisorientierung eines
Prozesses kann nur erreicht werden, wenn der Prozeß in
seinem gesamten Ablauf verstanden ist und wenn alle seine Nebeneffekte aufgedeckt werden [Fro 92]. Das bedeutet für den Produktentstehungsprozeß, daß dieser systematisch strukturiert werden muß und daß Abläufe und

● Verbesserung
durch externe und
interne Kundenorien-
tierung

● Produktentste-
hungsprozeß muß
systematisch struktu-
riert werden

Entscheidungen transparent gemacht werden müssen. Des weiteren muß die Qualität, d.h. die Zielerreichung der Einzelprozesse gewährleistet werden. Die Umsetzung dieser Anforderungen wird durch eine Prozeßoptimierung erreicht, deren Ziel es ist, die Effektivität und Effizienz von Prozessen zu steigern und die Flexibilität zu erhöhen (Bild 2.17).

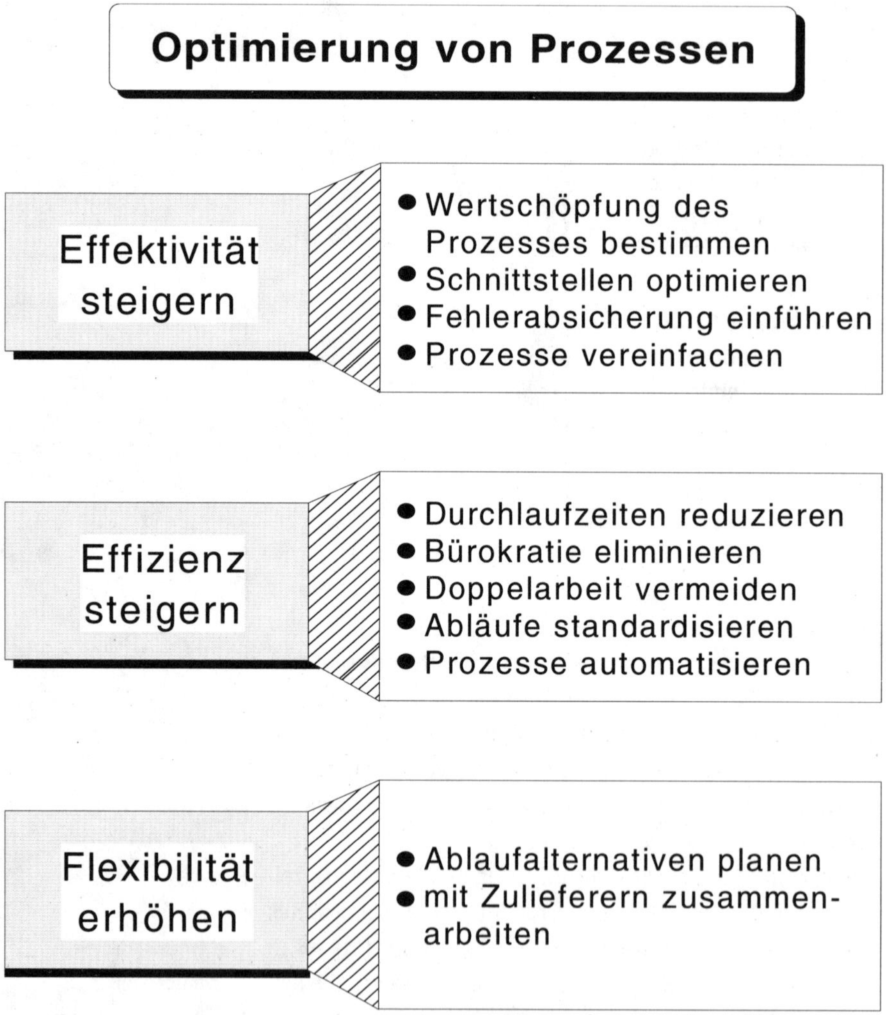

Optimierung von Prozessen

Effektivität steigern
- Wertschöpfung des Prozesses bestimmen
- Schnittstellen optimieren
- Fehlerabsicherung einführen
- Prozesse vereinfachen

Effizienz steigern
- Durchlaufzeiten reduzieren
- Bürokratie eliminieren
- Doppelarbeit vermeiden
- Abläufe standardisieren
- Prozesse automatisieren

Flexibilität erhöhen
- Ablaufalternativen planen
- mit Zulieferern zusammenarbeiten

/nach: AEG AG/

Bild 2.17: Vorgehensweise zur Optimierung von Prozessen

Grundsätzlich wird unter „Effektivität" von Prozessen verstanden, daß alle vorgegebenen Aufgaben und Ziele wirksam im Sinne der Unternehmensziele sind („to do the right things").

Für die Produktentstehung bedeutet dies die Forderung nach einem Aufbau von Werten in Form neuer Produkte bei gleichzeitiger Berücksichtigung der späteren Wertschätzung dieser Produkte durch den Kunden bzw. Markt [Sch 92]. Diese zielgerichtete Wertgestaltung ist Voraussetzung für die spätere Wertschöpfung der Unternehmen.

Die Effektivität von Prozessen läßt sich z.B. steigern, indem zunächst deren Wertschöpfung bestimmt wird. Mit dem Hauptaugenmerk auf die wertschöpfenden Tätigkeiten lassen sich Prozesse dann dahingehend vereinfachen, daß die nicht zur Wertschöpfung beitragenden Aktivitäten aus dem Prozeß entfernt werden. Unter diesem Gesichtspunkt lassen sich z.B. auch Schnittstellen zwischen Prozessen optimieren.

- Wertschöpfung erfordert Wertgestaltung unter dem Fokus der späteren Wertschätzung

Unter „Effizienz" wird im allgemeinen verstanden, daß innerhalb von Prozessen Aufgaben mit einem minimierten Ressourcenverzehr erfüllt werden („to do the things right"). Effizienz läßt sich z.B. durch Vermeidung von Doppelarbeit steigern. Des weiteren tragen standardisierte und gegebenenfalls anschließend automatisierte Abläufe zur Reduzierung des Aufwandes bei. Ein Beispiel sind gekoppelte CAD-/CAM-Systeme zur automatischen Generierung von NC-Programmen.

Auch eine Eliminierung von unnötiger Bürokratie, z.B. aufwendiger interner Genehmigungsverfahren (doppelte Unterschriften, mehrfache Ausfertigungen u.ä.), trägt zu verkürzten Durchlaufzeiten und zu minimiertem Aufwand bei.

Eine Verbesserung von Effektivität und Effizienz darf jedoch nicht zu unflexiblen Prozeßabläufen führen. Die Flexibilität eines Prozesses muß vielmehr so gestaltet werden, daß auf Veränderungen der Prozeßumgebung schnell reagiert werden kann, ohne daß das Prozeßergebnis verschlechtert wird [Fro 92].

Die Flexibilität des Produktentstehungsprozesses läßt sich somit steigern, indem die wichtigsten Alternativabläufe schon zu Beginn mitgeplant und z.B. alternative Lösungswege nachvollziehbar dokumentiert werden. Dies ist insbesondere bei der Planung von kritischen Prozessen notwendig, deren Ergebnisse wichtig für den Gesamterfolg sind. Ein weiterer Ansatzpunkt zur Steigerung der Flexibilität ist die Zusammenarbeit mit Zulieferern. Im besonderen Fall der Automobilbranche zeichnen sich diese durch eine – nicht zuletzt aufgrund der geringeren Unternehmensgröße – höhere Flexibilität aus, so daß sich durch eine Entwicklungspartnerschaft Flexibilitätspotentiale erschließen.

Ein wichtiger Aspekt zur Steigerung der Effektivität ist zunächst die Bestimmung der Wertschöpfung. Eine dazu im Arbeitskreis vorgestellte Vorgehensweise aus der Praxis zeigt Bild 2.18.

- „Echte Wertschöpfung" durch Kundenorientierung

Die erste und dringendste Frage bei der Bestimmung der Wertschöpfung eines Prozesses ist die nach der Kundenorientierung: Alle (Einzel-)Prozesse der Prozeßketten innerhalb der Produktentstehung müssen daraufhin untersucht werden, ob sie zur Erfüllung der Kundenbedürfnisse beitragen. Eine dazu äquivalente Fragestellung ist die, ob sich der Kundenwunsch in den Ergebnissen eines Prozesses ausdrückt. Dies ist etwa im Beispiel der Aktivität „Zeichnungserstellung" der Fall.

Die zweite zu stellende Frage ist die nach der Ziel- und Ergebnisorientierung eines Prozesses. Nur Aktivitäten, die tatsächlich notwendig sind, um das entsprechende Produkt bzw. Ergebnis zu produzieren, lassen sich der „echten" Wertschöpfungskette zuordnen. Hier ist eine äquivalente Frage diejenige, ob der Kunde von den Ergebnissen eines Prozesses „erfährt".

Einzelprozesse bzw. Aktivitäten, für die die bisherigen Fragen negativ beantwortet wurden, tragen u.U. zur Erfüllung der Unternehmensfunktion bei (s. Bild 2.18). Dazu gehören z.B. die Vergabe von Zeichnungsnummern, die Vervielfältigung von Zeichnungen oder deren Mikroverfilmungen. Ein weiteres Beispiel ist die Erfüllung unternehmensinterner Normen. Der Kundenwunsch wird weder abgebildet noch „erfährt" ein Kunde von dem Ergebnis. Diese Aktivitäten lassen sich jedoch nicht ohne weiteres aus den Prozeßketten eliminieren. Vielmehr müssen sie einer weiteren kritischen Betrachtung unterzogen werden.

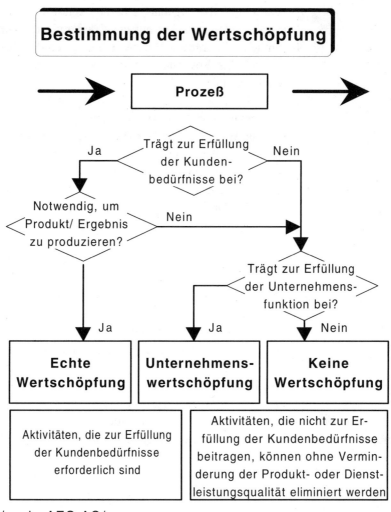

Bestimmung der Wertschöpfung

Prozeß

Trägt zur Erfüllung der Kundenbedürfnisse bei?
Ja — Nein

Notwendig, um Produkt/ Ergebnis zu produzieren? — Nein

Trägt zur Erfüllung der Unternehmensfunktion bei?

Ja — Ja — Nein

Echte Wertschöpfung	**Unternehmenswertschöpfung**	**Keine Wertschöpfung**
Aktivitäten, die zur Erfüllung der Kundenbedürfnisse erforderlich sind	Aktivitäten, die nicht zur Erfüllung der Kundenbedürfnisse beitragen, können ohne Verminderung der Produkt- oder Dienstleistungsqualität eliminiert werden	

/nach: AEG AG/

Bild 2.18: Bestimmung der Wertschöpfung

So trägt etwa die Erfüllung unternehmensinterner Normen bei der Zeichnungserstellung nicht zur Erfüllung von Kundenbedürfnissen bei, leistet aber einen Beitrag zur Effizienz von Nachfolgeprozessen (in diesem Fall z.B. der NC-Programmierung) und läßt sich somit der „Unternehmenswertschöpfung" zuordnen.

Es ist jedoch in jedem Fall zu prüfen, ob Kontrollvorgänge möglichst vollständig in den Verantwortungsbereich der Mitarbeiter verlegt werden können, die für die

• Verbesserte Effizienz durch „Unternehmenswertschöpfung"

Erarbeitung der Ergebnisse bereits verantwortlich sind. Dieser Gedanke basiert auf der Erkenntnis, daß ein wesentlicher Beitrag zur Prozeßqualität durch die eigenverantwortliche Kontrolle des Prozeßergebnisses geleistet werden kann.

Der Zusammenhang von Effektivität und Effizienz bei der Bestimmung der Wertschöpfung muß immer beachtet werden. Wichtig ist, daß die Wertschöpfung eines Prozesses von der Wertschätzung potentieller Kunden abhängig ist. Nur so lassen sich Prozeßketten durch kontinuierliche Beachtung dieser Wertschätzung und durch Eliminierung oder Optimierung von Einzelprozessen effektiv gestalten.

Zusammenfassend läßt sich sagen: Die aufgeführten Schwachstellen innerhalb der Ablauforganisation verdeutlichen die Notwendigkeit einer effizienten und effektiven Ablaufgestaltung. Anhand der Schwachstellen können Anforderungen an die Ablaufgestaltung abgeleitet werden. Dazu gehört in erster Linie die Prozeßorientierung. Durch die Prozeßorientierung lassen sich weitere Anforderungen, wie z.B. die abteilungsübergreifende Zusammenarbeit oder die interne Kundenorientierung, ableiten. Darüber hinaus müssen mittels einer anforderungsgerechten Ablaufgestaltung die Effektivität, die Effizienz sowie die Flexibilität des Produktentstehungsprozesses gewährleistet werden. Des weiteren muß sichergestellt sein, daß der Produktentstehungsprozeß sich an der Erfüllung der Kundenwünsche orientiert und somit wertschöpfend ist.

* Ablaufgestaltung zielt auf Effektivität, Effizienz und Flexibilität

2.2.3 Hilfsmittel zur prozeßorientierten Ablaufgestaltung

Parallel zu produkt- oder programmspezifischen Abläufen ist die Unternehmensstrategie zu planen (Bild 2.19). Als kontinuierlicher Prozeß erfolgt die Planung, wann welches Produkt auf den Markt gebracht werden soll. Entscheidend für die Beantwortung dieser Frage ist das Verhalten von Kunden und Wettbewerbern sowie die Rahmenbedingungen, denen das Unternehmen unterliegt. Alle innovativen Produkt- und Prozeßtechnologien sind im Hinblick auf die Nutzung im Rahmen des spezifischen Pro-

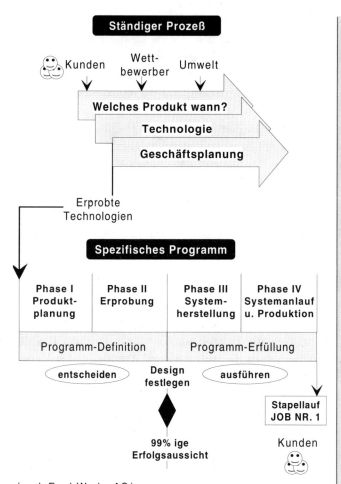

/nach Ford-Werke AG/

Bild 2.19: Parallele Strategieplanung und Produktentstehung

grammes zu bewerten. Ziel ist es, die Lebenszyklen von Produkt und Technologie so abzustimmen, daß in die spezifische Programmentwicklung ausschließlich erprobte Technologien einfließen. Die Nutzung „reifer" Technologien erhöht die Erfolgsaussichten auf eine effiziente, zielorientierte Ausführung der zuvor definierten und in Vorversuchen abgesicherten Komponenten. So kann z.B. in der Automobilentwicklung bereits mit der Design-Entscheidung eine Erfolgsaussicht von 99% erreicht werden.

Bei der prozeßorientierten Gestaltung von Abläufen muß berücksichtigt werden, daß Innovationserfolge nur

durch ausreichende Freiräume für die Kreativität der Mitarbeiter erreicht werden. Ein Hilfsmittel zur Erfüllung der
o.g. Anforderungen ist der sogenannte „produktneutrale
Entwicklungsplan". Dieser Ablaufplan ist das „logische
Rückgrat" der wertschöpfenden Produktentstehungsprozesse.

Der produktneutrale Entwicklungsplan definiert auf Basis eines umfassenden Phasenmodells und einer Ergebnis-
planung an den Meilensteinen projekt- und produktneutrale Teilprozesse, die sich durch einen hohen Parallelisierungsgrad auszeichnen. Die Darstellung basiert auf der
Netzplantechnik, so daß mit dem produktneutralen Entwicklungsplan Ablaufsequenzen, Ergebnisse und der erforderliche Abstimmungsbedarf aufgezeigt sowie der
Ressourcenbedarf und die notwendigen Mitarbeiterquali-
fikationen den Vorgängen zugeordnet werden (Bild 2.20).

Neben Zeitverkürzungen durch gesteigerte Effizienz
fördert die Einführung eines produktneutralen Entwicklungsplans die Entstehung von marktgerechten Produkten, da bereits die Aufgaben und Aktivitäten des Marke-
tings in den Plan integriert sind. Durch die Festlegung von
Abläufen und Entscheidungspunkten in Form von Meilensteinen wird sichergestellt, daß in regelmäßigen Abstän-
den anhand der jeweils neu zu bestätigenden Zielvorgaben
die bis dorthin erarbeiteten Projektergebnisse geprüft
werden können. Die Zuordnung notwendiger Mitarbei-
terqualifikationen zu Vorgängen schafft darüber hinaus
auf der operativen Ebene die Grundlage für eine anforde-
rungsgerechte Ergebnisabstimmung. Durch die Transparenz, wer mit wem welches Ergebnis auf Basis welcher
Eingangsinformationen abzustimmen hat, sind alle Beteiligten in der Lage, diese Ergebnisse anhand der unterschiedlichen Anforderungen abzugleichen.

Wie bereits erwähnt, basiert der methodische Ansatz des
produktneutralen Entwicklungsplanes auf einem Phasenmodell und einer an Meilensteinen orientierten Ergebnis-
planung. Das jeweils zugrunde liegende Phasenmodell ist
branchenabhängig und u.U. unternehmensspezifisch. Für
ein Unternehmen des komplexen Systemanlagenbaus aus
dem Arbeitskreis ist z.B. die Strukturierung in drei Phasen
– die Vorphase, die Konzeptphase und die Durchführungs-

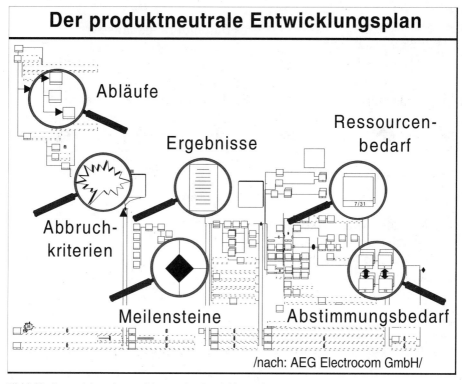

Bild 2.20: Kennzeichen des produktneutralen Entwicklungsplans

phase – sinnvoll (Bild 2.21). Wichtig ist, daß auch die Vorphase mit in die Betrachtungen einbezogen wird, da bereits hier wesentliche Entscheidungen und Festlegungen im Hinblick auf den späteren Markterfolg des Produktes getroffen werden.

Es werden Meilensteine definiert, an denen bestimmte, vorher festgeschriebene Ergebnisse vorhanden sein müssen. Den Phasen selbst können somit Einzelprozesse zugeordnet werden, die zu diesen Ergebnissen führen. Zum Beispiel liegt nach Abschluß der Vorphase – am Meilenstein „Projektstart" – das Lastenheft vor. Daher werden in der Vorphase Marktstudien durchgeführt, ein grobes Konzept erstellt und Anforderungen abgeklärt.

Die „Funktionsfreigabe" innerhalb der Durchführungsphase ist ein wichtiger Meilenstein. Ein Ziel des produktneutralen Entwicklungsplanes ist es, daß an diesem Meilenstein eine vollständige funktionale und abgesicher-

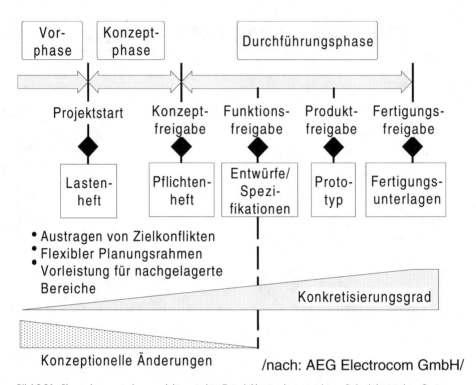

Bild 2.21: Phasenkonzept des produktneutralen Entwicklungsplans an einem Beispiel aus dem Systemanlagenbau

• Flexibler Planungs-
rahmen ist gefordert

te Spezifikation auf Basis abgestimmter Unterlagen vorliegt, so daß zu diesem Zeitpunkt konzeptionelle Änderungen abgeschlossen sind. Das bedeutet, daß eventuelle Zielkonflikte vor der Funktionsfreigabe ausgetragen werden
müssen. Hierzu ist ein flexibler Planungsrahmen zu realisieren, der die notwendige Kreativität von Entwicklern,
Konstrukteuren und Produktionsplanern nicht zu stark
einschränkt.

Der Konkretisierungsgrad der Ergebnisse nimmt über
die Phasen kontinuierlich zu, so daß am Ende der Durchführungsphase zum Meilenstein „Fertigungsfreigabe" die
Produktionsreife erreicht ist und die Kalkulationsbasis
vorliegt.

• Produktneutraler
Entwicklungsplan ist
Basis für Projektpla-
nung und -steuerung

Bei der Anwendung des produktneutralen Entwicklungsplans zeigt sich, daß dieser als Basis für eine projektbezogene Projektplanung und -steuerung dienen kann
(Bild 2.22).

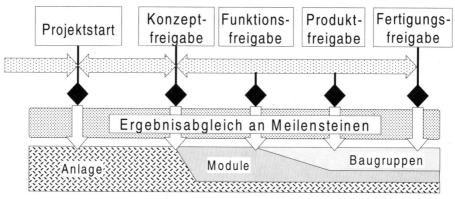

Der produktneutrale Entwicklungsplan:

● Basis für projektbezogene Projektplanung
  und -steuerung
● Genaue Festlegung des logischen Ablaufs
● Festlegung des Informationsaustauschs
    - Ergebnisdefinition
    - Ergebnisabstimmung
    - Frei- bzw. Weitergabe

| Projektstart | Konzept-freigabe | Funktions-freigabe | Produkt-freigabe | Fertigungs-freigabe |

Ergebnisabgleich an Meilensteinen

Anlage   Module   Baugruppen

/nach: AEG Electrocom GmbH/

Bild 2.22: Anwendung des produktneutralen Entwicklungsplans

Zu Beginn der Produktentstehung – in der Vor- und Konzeptphase – steht vorwiegend die Planung und Entwicklung der Gesamtanlage im Vordergrund. Im weiteren Verlauf ist mit zunehmendem Konkretisierungsgrad zum einen eine Detaillierung – über Module bis hin zu Baugruppen – und dadurch zum anderen ein erhöhter Parallelisierungsgrad der Aktivitäten in der Durchführungsphase verbunden. Dies liegt daran, daß in der Vorphase zunächst ein grobes Konzept erstellt wird und in der sich daran anschließenden Konzeptphase über erste Lösungsansätze und Machbarkeitsstudien die vorläufige Spezifikation festgelegt wird. Erst nach der Konzeptfreigabe, d.h. in der Durchführungsphase, werden Schnittstellen – zunächst zwischen Modulen – definiert und somit ein Paralleli-

• Zeitverkürzung
durch phasen- und
objektorientierte
Parallelisierung

• Phasenkonzepte
sind branchen- und
unternehmens-
spezifisch

sierungspotential erschlossen. Die nächste sich anschließende Erhöhung des Detaillierungsgrades – von Modulen
zu Baugruppen – beginnt mit der Funktionsfreigabe.

Durch diese im produktneutralen Entwicklungsplan
abgebildete Festlegung des logischen Ablaufs des Produktentstehungsprozesses gelingt eine Kopplung zwischen der Phasenorientierung des produktneutralen Entwicklungsplans (siehe Bild 2.21) und der Objektorientierung der Prozeßketten der Produktentstehung. Dabei
zeigt sich, daß mit Hilfe des produktneutralen Entwicklungsplans beide Dimensionen der Parallelität abgebildet
werden. Dazu gehört zum einen die phasenbezogene Parallelität der Aktivitäten und zum anderen die objektbezo-
gene Parallelität von Modulen und Baugruppen.

Darüber hinaus ist festzustellen, daß der produktneutrale Entwicklungsplan nicht nur geeignet ist, als Planungs-
und Steuerungsinstrument bei Neuentwicklungen eingesetzt zu werden. Vielmehr bietet er die Möglichkeit, zu
verschiedenen „Zeitpunkten" – bevorzugt an Meilensteinen – den Produktentstehungsprozeß zu beginnen. So läßt
sich z.B. bei einer Variantenplanung am Meilenstein
„Funktionsfreigabe" mit dem Produktentstehungsprozeß
starten, da die funktionale Spezifikation bereits aus der
Vergangenheit vollständig vorliegt.

Die Grundlage des produktneutralen Entwicklungsplans ist ein branchen- und u. U. auch unternehmensspezi-
fisches Phasenkonzept. Durch diese Strukturierung der
Produktentstehung werden in sich geschlossene Abschnit-
te gebildet. Vor allem komplexe Abläufe werden dadurch
transparenter. Ein Beispiel aus dem Arbeitskreis zeigt das
Phasenkonzept einer Automobilentwicklung (Bild 2.23).

Die Produktentstehung wird in diesem Fall in die Defini-
tions-, Konzeptions- sowie Planungs- und Realisierungsphase gegliedert. Nach der Produktionsfreigabe schließt
sich in der Hauptserienphase die spätere Produktion an.

Gegenstand der Definitionsphase ist die Zieldefinition
eines neuen Fahrzeugs bzw. eines Fahrzeugprogramms.
Der resultierende Forderungskatalog wird anschließend
in der Konzeptionsphase in ein Lastenheft und in konkrete
Stylingmodelle umgesetzt. Im Anschluß daran erfolgt die
konstruktive und versuchstechnische Absicherung der er-

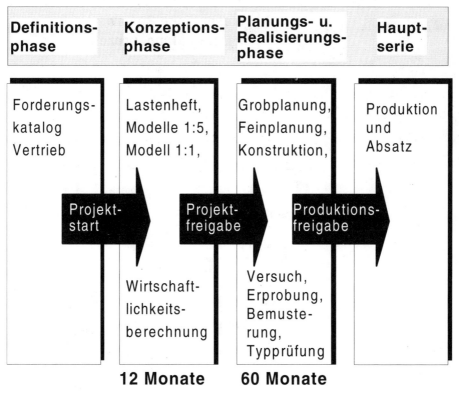

/nach: Mercedes-Benz AG/

Bild 2.23: Fallbeispiel: Phasenkonzept einer Automobilentwicklung

arbeiteten Konzepte in der Planungs- und Realisierungsphase. Diese Phase schließt mit der Bemusterung von Teilen und Baugruppen aus Serienwerkzeugen und einer
anschließenden Typprüfung ab.

Ein detaillierteres Phasenkonzept einer Elektronikentwicklung zeigt Bild 2.24. Aufgrund der spezifischen Anforderungen ist der Ablauf im Vergleich zur Automobilentwicklung in mehr Phasen unterteilt. Eine weitere Be-
sonderheit ist der parallele Verlauf der Phasen „Produkt-
konzeptplanung" und „Projektplanung". Die starke Abhängigkeit des Markterfolges vom „Zeitfenster" des Markt-
eintritts für Elektronikkomponenten erfordert diese
integrierte Planung. Neben der funktionalen Realisierbarkeit des Produktkonzeptes ist die auf den Marktein-
trittszeitpunkt bezogene terminliche „Machbarkeit" der

• Markteintrittspla-
nung durch parallele
Konzept- und Projekt-
planung

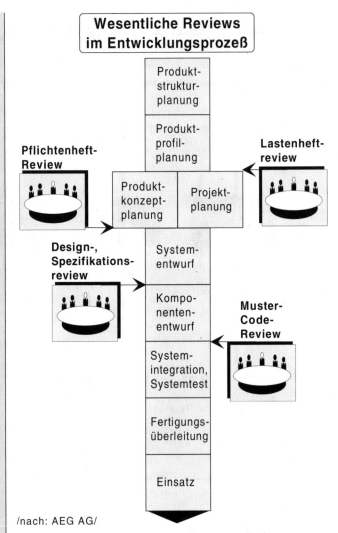

/nach: AEG AG/

Bild 2.24: Fallbeispiel: Phasenkonzept einer Elektronikentwicklung

Entwicklung eine wichtige Entscheidungsgrundlage für die Fortführung bzw. den Abbruch des Projektes. Diese und andere wichtige Entscheidungen werden in den vier wesentlichen Reviews des Entwicklungsprozesses getroffen. So sind am Anfang der Entwicklung Lastenheft- und Pflichtenheft-Reviews vorgesehen. In diesem Rahmen werden Anforderungsprofile aus Markt-Kunden-Sicht und die auf dieser Basis entwickelten technischen Konzepte kritisch geprüft. Eine solche Prüfung findet unter Beteiligung qualifizierter Mitarbeiter im interdisziplinären Team statt. Somit wird sichergestellt, daß Anforderungen, z.B. aus der Sicht produzierender und prüfender Bereiche, bereits frühzeitig formuliert und mit den erarbeiteten Anforderungen bzw. Konzepten abgestimmt werden.

Spezifische Reviews in der Elektronikentwicklung erfolgen darüber hinaus nach dem Design bzw. der Spezifikation der Komponenten und der darauffolgenden Umsetzung in konkrete Entwürfe. An Elektronikkomponenten wer-

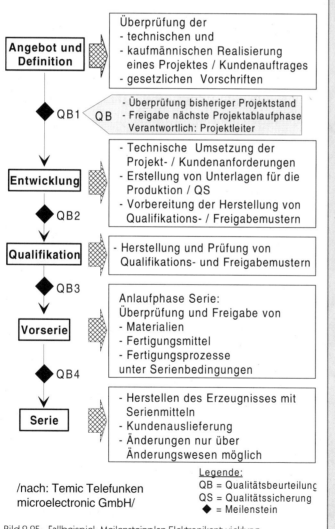

Bild 2.25: Fallbeispiel: Meilensteinplan Elektronikentwicklung

den oftmals sehr hohe Anforderungen an Ausfallsicherheit und Störungsempfindlichkeit gestellt. Meilensteine sind daher gut geeignet, um die vorliegenden Ergebnisse im Hinblick auf die Qualität zu beurteilen (Bild 2.25).

• Freigabe umfaßt Entscheidungen unterschiedlicher Art

Diese Qualitätsbeurteilung spiegelt eine prozeßorientierte Qualitätssicherung wider. Danach ist die Qualität des Gesamtergebnisses in hohem Maße von der erreichten Qualität des Einzel- und Zwischenergebnisses abhängig. An einem Meilenstein sind somit verschiedene Entscheidungen zu treffen.

Erstens sind der bisherige Projektstand und die vorliegenden Ergebnisse im Hinblick auf alle relevanten Aspekte, wie z.B. der Produkt- und Prozeßqualität zu, beurteilen. Zweitens muß auch entschieden werden, ob das Projekt wie geplant fortgeführt wird oder ob einzelne Phasen erneut durchlaufen werden müssen. Im Extremfall kann auch eine Entscheidung über den Abbruch des Projektes erforderlich werden.

2.3 Ausgewählte Methoden des Simultaneous Engineering

Die Realisierung der Ziele und Leitsätze des Simultaneous Engineering kann durch den gezielten Einsatz verschiedener Methoden im Rahmen der Produkt- und Prozeßgestaltung unterstützt werden. Dabei erfüllen die Methoden die Aufgabe eines Katalysators, da sie eine interdisziplinäre Kommunikation im Vorfeld von Entscheidungen durch formale Vorgaben strukturieren. Durch diese Systematisierung kann die Sachkompetenz der verschiedenen Unternehmensbereiche zusammengeführt und dokumentiert werden, wodurch diese Erkenntnisse auch in späteren Entscheidungssituationen genutzt werden können.

• Methoden zur Produkt- und Prozeßgestaltung haben die Aufgabe eines Katalysators

In den folgenden Kapiteln sollen exemplarisch vier Methoden sowie deren Anwendung und Potentiale vorgestellt werden. Die Methode des Quality Function Deployment (QFD) unterstützt die Übertragung von Kundenanforderungen auf Produktmerkmale. Durch den Einsatz der Fehler-Möglichkeits- und -Einfluß-Analyse (FMEA) können Produkte und Prozesse im Vorfeld bewertet werden,

um potentielle Fehler in nachfolgenden Bereichen der
Produktentstehung abzufangen. In Kapitel 2.3.3 wird eine
Methodik zur Auswahl geeigneter Fertigungstechnologien
im Rahmen der Technologieplanung vorgestellt. Den Ab-
schluß bildet eine weitere Möglichkeit der Bewertung von
Produkten, das Design for Assembly (DFA), welches eine
Methode zur Unterstützung der montagegerechten Kon-
struktion darstellt.

2.3.1 Quality Function Deployment (QFD)

Voraussetzung einer erfolgreichen Produktentstehung ist
die funktionierende Schnittstelle zwischen Markt und Unternehmen. Nur wenn Kundenwünsche und deren Gewichtungen dem Unternehmen bekannt sind, können sie gezielt in die Produktentstehung einfließen. Eine Methode zur
systematischen Aufbereitung von Kundenwünschen und
deren Umsetzung in Produktmerkmale ist das Quality
Function Deployment (QFD). Dabei werden Planungs-
und Kommunikationsschritte zum strukturierten Informationsaustausch vorgegeben, um alle Bereiche im Unternehmen durch Team-Einsatz am Produktplanungs- und -ent-
wicklungsprozeß zu beteiligen. Durch die Anwendung des
QFD können die Kundenbedürfnisse von allen Beteiligten
bewußt und kundengerecht realisiert werden [VDI 90].

• QFD unterstützt die
systematische Umset-
zung von Kunden-
wünschen

Ziel des Einsatzes von QFD ist

– die Vermeidung von Änderungen an Produkt und Prozeß
– sowie eine Dokumentation des Produktentstehungsprozesses,

• QFD hilft, Änderun-
gen zu vermeiden

um so die Entwicklungszeiten zu reduzieren und die
Transparenz von Entscheidungen zu erhöhen. Voraussetzung ist die Orientierung der Produktentstehung an den
Wünschen und Erwartungen des Kunden. Dabei hilft die
Anwendung des QFD durch die Systematisierung von Ent-
wicklungsgesprächen in interdisziplinären Teams, Kundenanforderungen in den gesamten Ablauf der Produktentstehung zu übertragen. Primäres Einsatzgebiet des
QFD ist demnach die Umsetzung der im Lastenheft dokumentierten Kundenanforderungen in technische Merkma-

• QFD vermeidet „Over-Engineering"

le, die sich im Pflichtenheft des zu entwickelnden Produktes niederschlagen. Kundenanforderungen und Produktmerkmale werden direkt gegenübergestellt, wodurch ein „Over-Engineering" vermieden wird.

Das QFD kann in verschiedenen Detaillierungsgraden während der Konzeption eines Produktes eingesetzt werden. Im allgemeinen werden vier Stufen unterschieden, die aufeinander aufbauen (Bild 2.26).

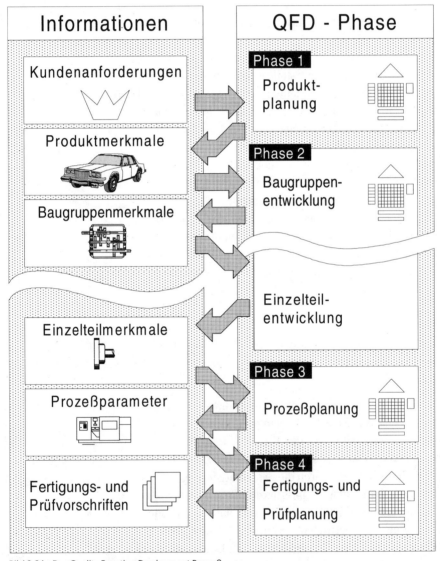

Bild 2.26: Der Quality Function Deployment Prozeß

Zu Beginn des QFD-Prozesses werden gewichtete Kundenanforderungen strukturiert und Produktmerkmale ermittelt, die diese Anforderungen realisieren. Dadurch wird es im Rahmen der Produktplanung möglich, die Bedeutung einzelner Produktmerkmale zur Erfüllung von Kundenanforderungen zu bewerten. In der Stufe der Komponentenentwicklung werden die Produktmerkmale weiter differenziert. Dabei entsteht eine Produktstruktur, deren einzelne Bestandteile bis zum Einzelteil bezüglich ihres Einflusses auf die Kundenanforderungen gewichtet sind. Die Prozeßplanung kann in einer dritten Stufe durch die Ableitung von Prozeßschritten aus den konstruktiven Einzelteilmerkmalen bewertet werden. Den Abschluß bildet die Fertigungs- und Prüfplanung. Hierfür werden die ermittelten und gewichteten Prozeßschritte auf entsprechende Fertigungs- und Prüfvorschriften abgebildet. Durch die Anwendung des QFD-Prozesses wird es möglich, alle Entscheidungen und Aktivitäten innerhalb der Produkt- und Prozeßgestaltung auf Anforderungen des Kunden zurückzuführen. Es wird transparent, welche Tätigkeiten im Sinne des Kundennutzens sinnvoll sind und welche zusätzlichen Aufwand bedeuten, der vom Kunden nur selten honoriert wird.

• QFD umfaßt vier Stufen

Zentraler Bestandteil des QFD ist das „House of Quality" (Bild 2.27). Es besteht im wesentlichen aus fünf „Räumen", deren Ausgestaltung durch ein interdisziplinäres Team zu einer strukturierten Diskussion über Produktmerkmale und deren Gewichtung führt. Gleichzeitig wird das Ergebnis der Diskussion festgehalten und schafft somit eine Transparenz über getroffene Entscheidungen.

• Jede QFD-Stufe besteht aus einem „House of Quality"

Der Ablauf einer QFD-Analyse soll am Beispiel der ersten Phase gezeigt werden (Bild 2.28). Voraussetzung einer erfolgreichen Anwendung der Methode ist die bereichsübergreifende Zusammenstellung des QFD-Teams sowie die Definition des Betrachtungsraumes. Es sind zum einen die betrachteten Objekte abzugrenzen. Dabei ist zwischen Funktionen und Bauteilen bzw. Gesamtprodukten zu unterscheiden. Eine weitere Abgrenzung muß hinsichtlich des Kunden getroffen werden. Gerade für Zulieferer stellt sich die Frage, ob die Anforderungen des Herstellers oder des Endabnehmers berücksichtigt werden sollen. Sind

• Voraussetzung für eine erfolgreiche QFD-Anwendung ist ein bereichsübergreifendes Team

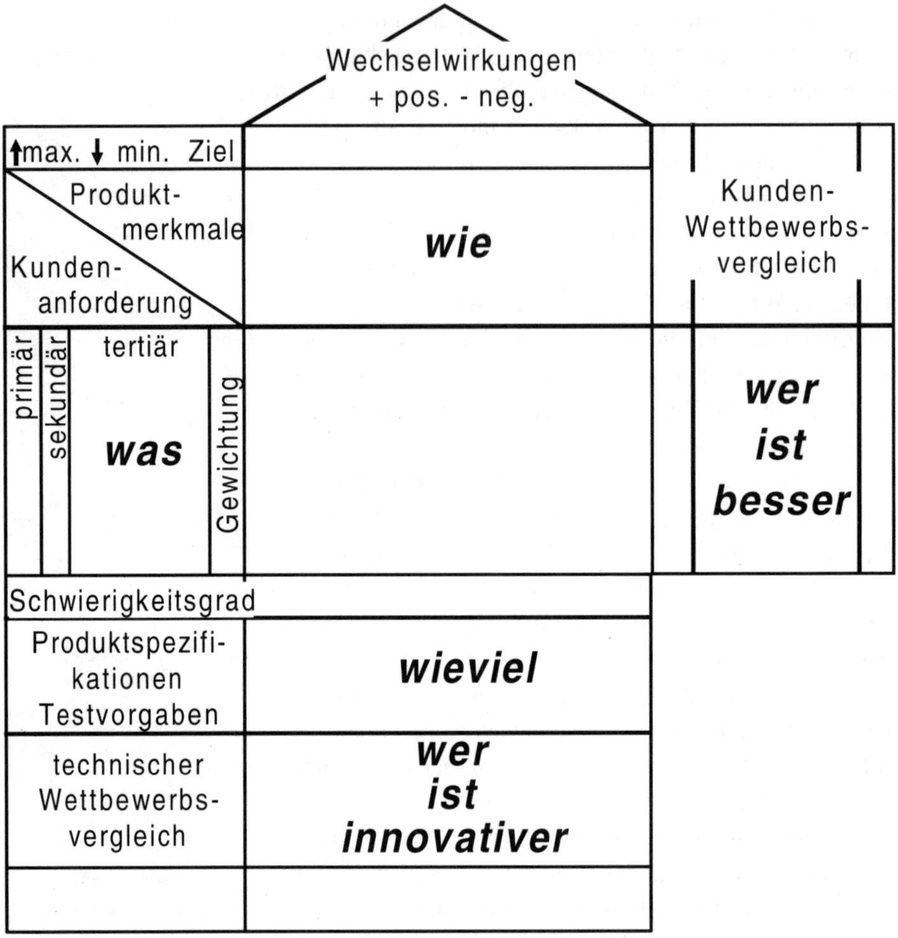

Bild 2.27: Das „House of Quality"

beide Sichten notwendig, so sind zwei QFD-Analysen durchzuführen. Auch die Definition des Zeitraumes, für den die Ergebnisse des QFD genutzt werden sollen, spielen eine große Rolle. So sind bei Optimierungen bestehender Produkte die Hauptbaugruppen und die Funktionsweisen bekannt, während für Neuentwicklungen gerade hier die Stellschrauben für innovative Lösungen liegen. Grundsätzlich gilt, daß die Berücksichtigung verschiedener Sichten in einer Analyse die Aussagekraft der Ergebnisse schnell verringert.

Ist die Frage nach den Zielen, die mit QFD erreicht werden sollen, geklärt, müssen die Kundenanforderungen, al-

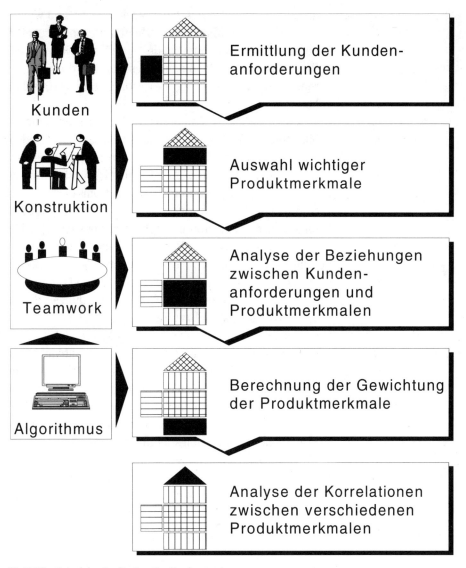

Bild 2.28: Ablauf des Quality Function Deployment

so das „Was" der Betrachtung, ermittelt werden. Hierfür hat sich ein vierstufiges Vorgehen als sinnvoll erwiesen. Zu Beginn sind in einem Brainstorming Kundenwünsche nach den eigenen Vorstellungen zu sammeln und zu strukturieren. Diese Vorgaben können als Basis einer Markterhebung genutzt werden. Dadurch wird gewährleistet, daß die Ausrichtung der Analyse im beabsichtigten Zielkorri-

• Marktanalysen und Kundenwünsche als Eingangsinformationen für QFD

dor bleibt. Die Ergebnisse der Marktanalyse sind wieder zu strukturieren und zu überarbeiten. Besonders Anforderungen, die alle Merkmale betreffen, wie z.B. der Preis, sind als Randbedingungen separat zu dokumentieren, da sie ansonsten die Bewertung stark verfälschen können.

• Bewertung der Kundenanforderungen

Den Abschluß der Ermittlung der Kundenanforderungen bildet die Bewertung der Anforderungen nach ihrer Bedeutung. Dabei können Faktoren zwischen 1 „von untergeordneter Bedeutung" und 5 „Anforderung ist für den Kunden sehr wichtig" vergeben werden. Das Ergebnis dieses ersten Schrittes ist die strukturierte Dokumentation und Gewichtung der Kundenanforderungen sowie ein einheitliches Verständnis der Ziele der Produktentstehung.

• Ableitung von Produktmerkmalen aus Kundenanforderungen

Im zweiten Schritt sind die wichtigen Produktmerkmale durch das QFD-Team festzulegen. Hierbei sind für Neuentwicklungen Funktionen, für Weiterentwicklungen das zu optimierende System bzw. Teil zu untersuchen. Dabei ist darauf zu achten, daß die ermittelten Merkmale eindeutig meßbar sind. Nur so ist es möglich, eine Entwicklungsrichtung festzulegen und später eine Erfolgskontrolle durchzuführen. Zum anderen müssen direkte Zuordnungen zwischen einer Kundenanforderung und einem technischen Merkmal vermieden werden. Liegen die Merkmale fest, können Optimierungsrichtungen und Zielwerte in das House of Quality eingetragen werden.

• Identifikation der Zusammenhänge zwischen Kundenanforderungen und Produktmerkmalen

Im Anschluß werden die Beziehungen zwischen den Kundenanforderungen und den Produktmerkmalen analysiert. Dabei wird nicht festgelegt, wie wichtig ein Merkmal zur Erfüllung einer Anforderung, sondern wie eindeutig ein Zusammenhang zwischen einem Merkmal und einer Anforderung ist. Es können drei Stufen der Abhängigkeit mit den Zahlen 1, 3 und 9 bewertet werden. Dabei bedeutet 9 eine eindeutige Abhängigkeit, 3 eine signifikante Abhängigkeit und 1 eine schwache Abhängigkeit (Bild 2.29).

Bei der anschließenden Berechnung der Gewichtung einzelner Produktmerkmale werden die Gewichtungen der Kundenanforderungen mit der Bewertung der Abhängigkeit der Produktmerkmale multipliziert und spaltenweise addiert. Das Ergebnis kann nicht als Wichtigkeit eines einzelnen Produktmerkmals verstanden werden. Es

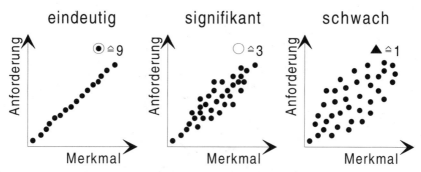

Bild 2.29: Gewichtung von Zusammenhängen

handelt sich vielmehr um eine Angabe über die Abhängig-
keiten von Kundenforderungen mit dem Produktmerkmal.
Besonders wenn ein Merkmal nur wenige Anforderungen
betrifft, diese aber stark beeinflußt, kann die Bewertung
schnell zu einer Fehlinterpretation führen. Daher ist QFD
in einen analytischen Teil, der ermittelt, was wichtig ist,
und einen numerischen Teil, der die Frage nach der Reihenfolge der Wichtung klärt, zu unterteilen. In der Praxis
werden durch den analytischen Teil die Kernfragen beantwortet.

    In der industriellen Anwendung hat sich gezeigt, daß die
Durchführung des QFD mit sehr viel Aufwand verbunden
ist. Deshalb bleibt die Anwendung in erster Linie auf die
Erstellung des „ersten Hauses" beschränkt.

    Mit Hilfe der QFD werden kundenorientierte Entwick-
lungsgebiete und potentielle Zielkonflikte identifiziert. Dabei macht man als Diskussionskeim die Erkenntnisse, die
in den Köpfen einzelner vorhanden sind, dem Team und
dem Gesamtunternehmen zugänglich.

2.3.2 Fehler-Möglichkeits- und Einfluß-Analyse (FMEA)

Ist das Produkt auf Basis der Kundenanforderungen kon-
zipiert, kann es in bezug auf seinen späteren Einsatz sowie
auf die Risiken in der Fertigung und Montage bewertet
werden. Hierfür steht die Methode der Fehler-Möglich-
keits- und Einfluß-Analyse (FMEA) zur Verfügung. Ziel ist
die Entdeckung und Vermeidung potentieller Fehler bereits in der Planungsphase (Bild 2.30). Dadurch wird es

• Analytischer Teil des
QFD ist praxisrelevant

• Anwendung des
QFD in der Praxis
auf das „erste Haus"
beschränkt

• Ziel einer FMEA ist
die Entdeckung und
Vermeidung poten-
tieller Fehler

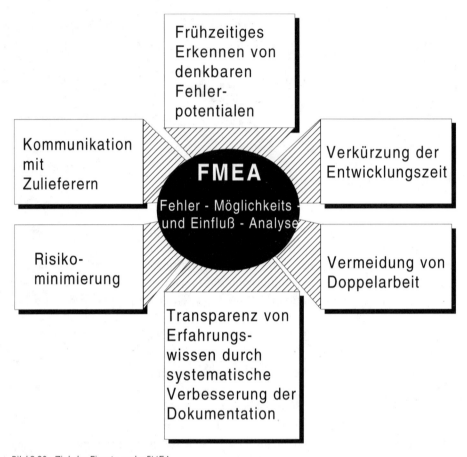

Bild 2.30: Ziel des Einsatzes der FMEA

• Durch den Einsatz der FMEA werden vor allem langfristige Potentiale erschlossen

möglich, nachträgliche Änderungen zu vermeiden und so die Entwicklungszeit sowie die Entwicklungskosten zu reduzieren. Durch die Verwendung geeigneter Formblätter [VDA 86] wird die notwendige interne und externe Kommunikation formalisiert, so daß das in die Bewertung eingeflossene Erfahrungswissen für spätere Entwicklungen transparent dokumentiert wird. Durch Anwendung der FMEA können zum einen kurzfristige Potentiale, aber vor allem auch langfristige Potentiale erschlossen werden. Dazu gehören:

– die Steigerung der Kundenzufriedenheit durch das Erreichen der geforderten Spezifikationen,
– die Verringerung von Fehlerkosten,

– die Verkürzung der Produktentstehungszeit,
– eine Verbesserung des Serienanlaufs sowie
– die Intensivierung der Kommunikation durch Teamarbeit.

Die Methode der FMEA läßt sich in unterschiedlichen
Phasen der Produktentstehung einsetzen (Bild 2.31). Bereits in der Definitionsphase kann auf Basis von Produkt-

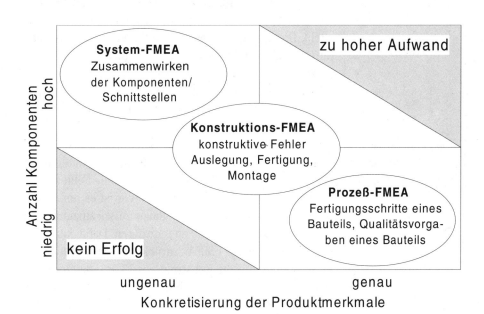

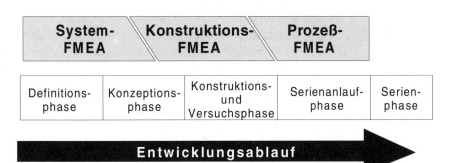

/nach: Hering/

Bild: 2.31: Ausprägungen der FMEA

• Man unterscheidet zwischen System-, Konstruktions- und Prozeß-FMEA

merkmalen eine System-FMEA durchgeführt werden. Dabei steht die Bewertung von Komponenten und deren Schnittstellen im Vordergrund. Konkretisiert sich die Produktbeschreibung im Laufe des Entwicklungsprozesses, können mit Hilfe der Konstruktions-FMEA konstruktive Fehler identifiziert sowie die Auslegung des Produktes in bezug auf die Fertigungs- und Montagegerechtheit bewertet werden.

Vor Anlauf der Serie werden mittels einer Prozeß-FMEA die Fertigungs- und Montageschritte auf Fehlerrisiken und die Einhaltung von Qualitätsvorgaben untersucht. Dadurch gelingt es, Produkt- und Prozeßmerkmale durchgängig zu bewerten und mögliche Fehlerketten aufzubauen. Anhand dieser Ketten können die ursächlichen Auslöser für Fehler frühzeitig erkannt und entsprechende Fehlervermeidungsstrategien ausgewählt werden.

• Spezifikation des FMEA-Gegenstandes reduziert den Erstellungsaufwand

Die System-, Konstruktions- und Prozeß-FMEA sind nicht nur inhaltlich, sondern auch formal eng miteinander verknüpft. Grundsätzlich werden potentielle Fehler, deren Folgen und Ursachen betrachtet. Zuvor ist es notwendig, den Betrachtungsgegenstand genau zu spezifizieren, um den Bearbeitungsaufwand zu reduzieren. Dabei kann zum Teil auf vorhandene FMEA's zurückgegriffen werden. Dies gilt besonders für die Konstruktions-FMEA, da hier Funktionen, wie z.B. der Kraftschluß, und nicht etwa die Teile betrachtet werden. Da Funktionen sich in vielen Bauteilen wiederholen, können die entsprechenden FMEA's mittels unternehmenseinheitlicher Bewertungskataloge standardisiert und wiederholt genutzt werden. Sie müssen dann im Einzelfall an die Besonderheiten des betrachteten Teils angepaßt werden. Ist dies nicht möglich, sollten nur die besonders kritischen Fehler weiterverfolgt werden, da die Anzahl der potentiellen Fehler mit dem Grad der Detaillierung stark zunimmt.

• System-, Konstruktions- und Prozeß-FMEA sind miteinander verknüpft

Die drei Stufen der FMEA sind über die Beschreibung potentieller Fehler und deren Folgen verknüpft (Bild 2.32). Wird auf Systemebene ein Fehler, dessen Folge und Ursache gefunden, ist die Fehlerursache auf der Ebene der Konstruktions-FMEA als potentieller Fehler aufzuführen. Die denkbaren Ursachen für diesen Fehler sind

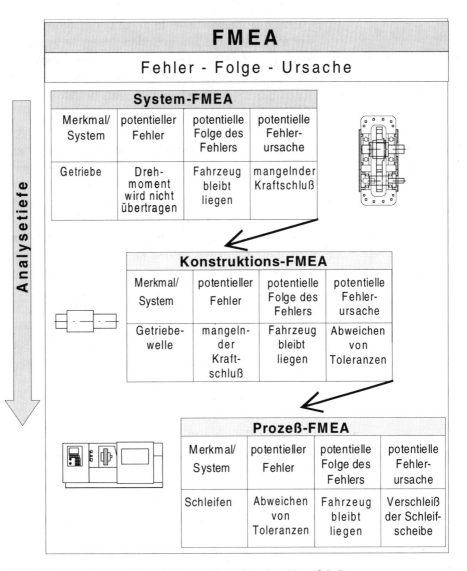

Bild 2.32: Zusammenhang zwischen der System-, Konstruktions- und Prozeß-FMEA

auf die Prozeßebene zu projizieren. Die Folge des Fehlers bleibt auf allen Ebenen gleich.

Die Bewertung des Fehlerrisikos wird auf Basis der Wahrscheinlichkeit des Auftretens, der Bedeutung für den Kunden sowie einer Einschätzung der Entdeckungswahrscheinlichkeit ermittelt. Für jedes der drei Kriterien wird eine Bewertung zwischen 1 und 10 vom FMEA-Team abgeschätzt. Das Gesamtrisiko in Form der Risikoprioritätszahl wird durch die Multiplikation dieser Werte angegeben. Da leichte Abweichungen in der Bewertung eines der Kriterien schnell zu großen Änderungen an der Risikoprioritätszahl führen, ist auf eine einheitliche Bewertung zu achten. Dies kann zum einen durch Nutzung eines unternehmenseinheitlichen Bewertungskataloges oder dem Gebrauch von Standard-FMEA's erreicht werden. Der Einsatz eines Koordinators, der die verschiedenen FMEA-Projekte überblickt, unterstützt ebenfalls die Vereinheitlichung und Vergleichbarkeit von Bewertungen. Grundsätzlich ist die Aussagekraft der Risikoprioritätszahl zu hinterfragen.

Im Sinne der Kundenorientierung sind nur die Bedeutung und Auswirkung für den Kunden relevant. Die Entscheidung, welche Fehleruntersuchungen weiter detailliert werden sollen, kann daher auf Basis der Einschätzung der Auswirkungen auf den Kunden geschehen. Die Informationen über die Fehlerhäufigkeit und Entdeckungswahrscheinlichkeit können zusätzlich durch die Festlegung von Grenzwerten genutzt werden. Wird der gewählte Grenzwert überschritten, so sind auch diese Fehler bei der weiteren Detaillierung zu berücksichtigen.

Trotz der aufgezeigten Potentiale zur Beeinflussung der Produktentstehung wird die Methode FMEA kritisch diskutiert. Hauptargument ist der zusätzliche Organisations- und Zeitaufwand, den der Einsatz der Methode nach sich zieht. Dieser Aufwand kann durch eine systematische Anwendung der Methode und dem Einsatz von EDV stark reduziert werden. Zum einen steigert die einheitliche Bewertung und die Identifikation von Standards die Wiederverwendbarkeit der FMEA's, zum anderen kann durch eine sinnvolle Auswahl von Bewertungskriterien die Anzahl der zu detaillierenden Fehlerfolgen stark reduziert werden. Ein weiterer Aspekt ist der gezielte Einsatz der FMEA (Bild 2.33). Die Anwendung der FMEA ist nur dann sinnvoll, wenn Änderungen am Produkt auftreten oder sich neue Anforderungen durch zusätzliche oder geänderte Anwendungsgebiete ergeben. Es sind dann nur die Funktionen oder Teile zu untersuchen, die sich geändert haben bzw. die von den Änderungen des Einsatzbereiches betroffen sind. Zusätzlich ist mittels einer Schnittstellenmatrix

• Einheitliche Bewertungsmaßstäbe zur Bildung der Risikoprioritätszahl notwendig

• Durch Standardisierung und EDV-Einsatz wird eine Reduzierung des Aufwandes bei einer FMEA erreicht

Einsatz der FMEA bei:

Produkt

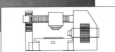

- Neuentwicklung
- Änderung
- Änderung der Einsatzbedingungen
- Neue Anwendungsmöglichkeiten
- Erhöhte Reklamation

Prozeß

- Neue Verfahren
- Änderung des Verfahrens
- Änderung der Werkstoffe
- Häufung von Fehlern

Einsatzgebiete der FMEA:

- Ermittlung einer Aussage zur Fehlerwahrscheinlichkeit
- Vergleich alternativer Lösungskonzepte
- Ermittlung von Schwachstellen im Entwurf
- Analyse des geplanten Prozesses
-

Bild 2.33: Anwendung der FMEA

(siehe Kapitel 2.1.4) die Wechselwirkung der geänderten Teile auf benachbarte Baugruppen zu beurteilen. Gleiches gilt für die Bewertung von Prozessen durch den Einsatz der FMEA. Der Schwerpunkt einer Anwendung der Prozeß-FMEA liegt beim Einsatz von neuen Verfahren und bei der Anhäufung von Fehlern bei Herstellprozessen. Zusätzlich sind auch Änderungen von Verfahren, Werkzeugen und Werkstoffen zu beachten.

• Einsatz der Prozeß-FMEA bei neuen Verfahren und Anhäufung von Fehlern bei Herstellprozessen

Durch Einsatz der FMEA können potentielle Fehler in frühen Phasen erkannt und bewertet werden. Es wird möglich, Schwachstellen in Entwürfen zu entdecken und durch geeignete Maßnahmen zu beheben. Dabei werden neben funktionalen Anforderungen an das Produkt auch geplante Prozesse analysiert, wobei alternative Lösungskonzepte verglichen werden können. Die FMEA bietet die Möglichkeit, Änderungen im Vorfeld zu vermeiden und die Produkt- und Prozeßgestaltung durch das Zusammenführen von Produkt- und Prozeß-Know-how zu optimieren.

2.3.3 Technologieplanung

Der technische Fortschritt gilt heute als der Schlüssel für Wettbewerbsfähigkeit und Wirtschaftswachstum. Dennoch wird der Bedeutung technischer Innovationen in der produktionstechnischen Praxis oftmals nicht ausreichend Rechnung getragen [IPT 93a]. Dies hat mehrere Gründe: Zum einen wird die Technologieplanung oftmals nicht ausreichend in der übergreifenden Unternehmensstrategie verankert. Zum anderen fehlen den Unternehmen die Planungsinstrumentarien, die die Notwendigkeit von technischen Innovationen für das Unternehmen und entsprechende Investitionszeitpunkte transparent machen.

• Technologieplanung als Teil der Unternehmensstrategie

Der erste Schritt besteht daher in der Einbeziehung der Technologieplanung in die Unternehmensstrategie (Bild 2.34).

Üblicherweise bezieht sich die Unternehmensstrategie auf die Festlegung der Marktziele des Unternehmens. Dabei wird eine Verbindung zu den unternehmensinternen Möglichkeiten einer Erreichung dieser Ziele durch entsprechende Produkt- und Produktionstechnologie in der Regel nicht hergestellt. Ein dauerhafter Unternehmenserfolg kann jedoch nur durch die Abstimmung von Markt- und Technologiestrategien erzielt werden.

• Technologien unterliegen Lebenszyklen

Die Planungssituation im Bereich der Technologieplanung wird dadurch erschwert, daß der Einsatz von Technologien einem starken zeitlichen Einfluß unterliegt. Technologien weisen – ähnlich wie die Produkte eines Unternehmens – Lebenszyklen auf (Bild 2.35).

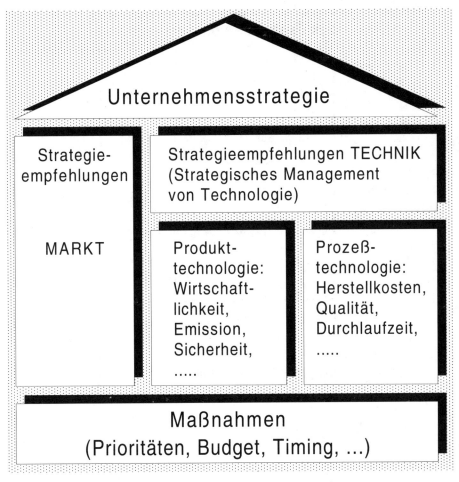

Unternehmensstrategie

| Strategie-empfehlungen | Strategieempfehlungen TECHNIK (Strategisches Management von Technologie) |
| MARKT | Produkt-technologie: Wirtschaft-lichkeit, Emission, Sicherheit, ... | Prozeß-technologie: Herstellkosten, Qualität, Durchlaufzeit, ... |

Maßnahmen
(Prioritäten, Budget, Timing, ...)

/nach: Mercedes-Benz AG/

Bild 2.34: Unternehmenserfolg durch aufeinander abgestimmte Strategien

Abhängig von der Phase des Lebenszyklus einer Techno-logie ergeben sich so unterschiedliche Investitionsemp-fehlungen. Um zu verhindern, daß im Planungsprozeß nur allgemeine zeitliche Technologieentwicklungen schlag-wortartig erfaßt und im Sinne einer „Me too"-Strategie unreflektiert übernommen werden, ist eine konsequente Planungssystematik erforderlich. In Bild 2.36 ist exempla-risch die Vorgehensweise zur Technologieplanung in der Serienfertigung dargestellt.

• Keine „Me too"-Strategien!

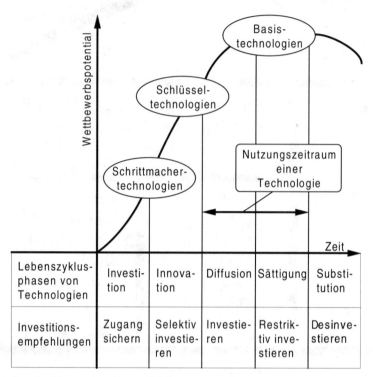

Lebenszyklus-phasen von Technologien	Investition	Innovation	Diffusion	Sättigung	Substitution
Investitions-empfehlungen	Zugang sichern	Selektiv investieren	Investieren	Restriktiv investieren	Desinvestieren

/nach: Mercedes-Benz AG/

Bild 2.35: Fallbeispiel: Technologielebenszyklus

Grundsätzlich gelten folgende Zielsetzungen bei der Technologieplanung:

– Reduktion von Komplexität der Prozesse und Systeme,
– Erhöhung der Produktivität,
– Reduktion der Durchlaufzeit,
– Erhöhung der Verfügbarkeit und
– Einstellung der gewünschten Flexibilität.

• Konsequente Orientierung an den Kerngeschäften

Bei der Auswahl von Technologien ist eine konsequente Orientierung an den Kerngeschäften des Unternehmens erforderlich. Neue Technologien werden nur dann eingesetzt, wenn sich Wettbewerbsvorteile nachweisen lassen. Dazu werden vorhandene und mögliche zukünftige Technologien grob erfaßt und den Kerngeschäften des Unternehmens zugeordnet. Innerhalb der so gebildeten Untersuchungsfelder werden auf der Basis von Analysen der Forschungs- und Entwicklungstrends und des Wettbewerbs Ansatzpunkte für eine Technologieplanung identifiziert.

Die Technologien werden dann hinsichtlich ihres Wettbewerbspotentials für das jeweilige Kerngeschäft des Unternehmens untersucht. Hierzu ist sehr detailliert die Eignung eingesetzter und zukünftiger Technologien für die Produktion einzelner Teile und Baugruppen der Produkte des Unternehmens zu untersuchen. Ergebnis dieser Bewertung ist das Technologieportfolio, in dem der Zusammenhang „Technologie – Produkte/Teile" abgebildet wird.

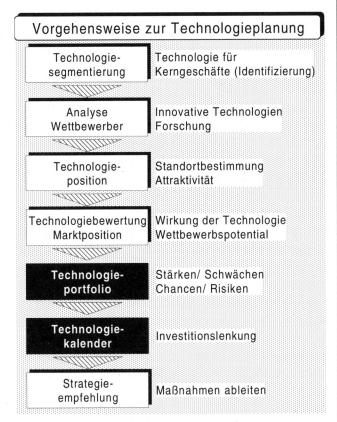

/nach: Mercedes-Benz AG/

Bild 2.36: Technologieplanung in der Serienfertigung

• Fallbeispiel
Getriebefertigung

• Technologieportfo-
lio: Technologieein-
satz für untersuchte
Teile

Aufbauend auf das Technologieportfolio werden mit Hilfe des Technologiekalenders die Einsatzzeitpunkte zukünftiger Technologien festgestellt. Der Technologiekalender stellt damit den Zusammenhang: „Technologie – Zeit" her. Die zeitliche Einordnung von Technologien ermöglicht die frühzeitige Ableitung von Finanzmittelbedarfen und unterstützt so die Investitionslenkung.

Im folgenden wird die Anwendung von Technologieportfolio und Technologiekalender am Beispiel der Fertigung eines Schaltgetriebes bei einem Fahrzeughersteller näher erläutert. Betrachtet wird die Technologieplanung für die Zahnradherstellung.

Im untersuchten Technologiefeld (Zahnradherstellung) werden die bereits eingesetzten Technologien identifiziert. Weiterhin wird eine Liste potentieller neuer Technologien erarbeitet. Die bereits eingesetzten Technologien werden dann anhand der Kriterien

– Technologieattraktivität und
– Ressourcenstärke

bewertet (Bild 2.37).

Unter Technologieattraktivität versteht man in diesem Zusammenhang die Gesamtheit der technischen und wirtschaftlichen Vorteile, die durch die Realisierung der noch vorhandenen Wettbewerbsvorteile der zu bewertenden Technologie erzielt werden können. Die Technologieattraktivität ist damit unabhängig von der jeweiligen Unternehmensituation. Das Kriterium Ressourcenstärke beschreibt dagegen die technische und wirtschaftliche Beherrschung einer Technologie durch das Unternehmen. Die Ressourcenstärke stellt damit die unternehmensspezifische Dimension des Technologieportfolios dar.

Die Kriterien Technologieattraktivität und Ressourcenstärke werden durch eine Reihe von Indikatoren beschrieben, die vor der Bewertung durch einen paarweisen Vergleich gewichtet werden müssen. Im Falle des oben gezeigten Portfolios werden die folgenden Indikatoren festgelegt:

Technologieattraktivität:
– Weiterentwicklungspotential,
– Prozeßsicherheit,

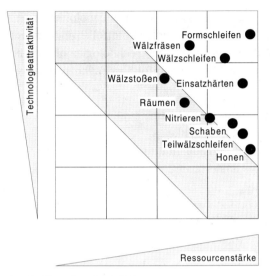

/nach: Mercedes-Benz AG/

Bild 2.37: Technologieportfolio: Fallbeispiel Getriebefertigung (eingesetz-
te Technologien)

– Flexibilität,
– Produktivität und
– Automatisierbarkeit;

Ressourcenstärke:
– Know-how-Stand,
– Anpassungspotential,
– Finanzstärke,
– sachliche und personelle Ressourcen.

Im Fallbeispiel wird auf Basis der dargestellten Bewertung für die bereits eingesetzten Technologien die Empfehlung abgeleitet, nur noch für das Wälzfräsen zusätzliche Investitionen vorzusehen, um die Anwendung dieser
Technologie im Unternehmen weiter auszubauen. Für die
restlichen Technologien im oberen rechten Rand des Portfolios – insbesondere für das Formschleifen – gilt, daß
Investitionen lediglich getätigt werden, um die Position zu
halten. Schaben, Teilwälzschleifen und Honen gehören
nicht zum Kerngeschäft. Für die Technologien des Wälz-
stoßens und des Räumens ist eine Einzelfallprüfung vorgesehen.

• Festlegung von
Bewertungsgrößen

● Die Bewertungs-
größen werden für
jeden Untersuchungs-
fall neu festgelegt

Für den Einsatz möglicher neuer Technologien wird in ähnlicher Weise ein Technologieportfolio erstellt (Bild 2.38). Die Bewertung der neuen Technologien hinsichtlich der Technologieattraktivität erfolgt im Fallbeispiel anhand der Indikatoren:

– Weiterentwicklungspotential,
– Erfolgswahrscheinlichkeit,
– Einsparungs- und Substitutionspotential,
– Produktivitätssteigerung,
– Flexibilität,
– Prozeßbeherrschbarkeit,
– Automatisierbarkeit und
– Umweltverträglichkeit.

Da für neue Technologien im Unternehmen noch keine Erfahrungen bezüglich der Beherrschung vorliegen, wird die unternehmensspezifische Technologiebewertung nicht anhand des Kriteriums „Ressourcenstärke", sondern anhand des Kriteriums „Technologieposition" durchgeführt. Die Indikatoren hierzu sind:

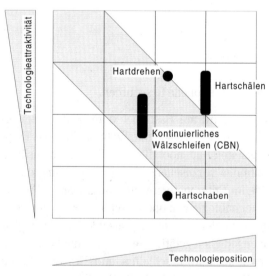

/nach: Mercedes-Benz AG/

Bild 2.38: Technologieportfolio: Fallbeispiel Getriebefertigung (zukünfti-
            ge Technologien)

– Erfahrungszugänge zu der neuen Technologie,
– Möglichkeiten zur Integration in die bestehende Ferti-
gung,
– Maßnahmen zur Personalqualifikation und
– Finanzstärke des Unternehmens.

In diesem Untersuchungsfall lautet die Strategieempfeh-
lung, zukünftig in die Technologien Hartdrehen und Hart-
schälen zu investieren. Die Technologie des Hartschabens
dagegen ist in Zukunft für das Unternehmen im Fallbeispiel nicht interessant; Investitionen in kontinuierliches
CBN-Wälzschleifen müssen im Einzelfall geprüft werden.

• Strategie-
empfehlung

Die Erstellung der Technologieportfolios im Fallbeispiel
verdeutlicht, daß Aussagen zur Einsatzeignung von Technologien nur in bezug auf spezifische Anwendungen abgeleitet werden können. Die Auswahl und Gewichtung von
Bewertungskriterien muß für jeden Einzelfall getrennt erfolgen. Die Bewertungskriterien sind weiterhin für einge-
setzte und zukünftige Technologien unterschiedlich.

Die auf die beschriebene Weise abgeleiteten Investi-
tionsempfehlungen werden in einem letzten Schritt gemäß
ihrer zeitlichen Reihenfolge eingeordnet. Hierzu wird ein
Technologiekalender für das untersuchte Technologiefeld
erstellt (Bild 2.39).

• Technologiekalen-
der: zeitlicher Einsatz
von Technologien

Für die betrachtete Getriebefertigung werden die Emp-
fehlungen zur Investitionsplanung im Technologiekalender zusammengefaßt und an einer Zeitachse aufgetragen.
Die Erstellung eines solchen Kalenders ist für jedes zu
untersuchende Technologiefeld (hier: Zahnradfertigung)
durchzuführen. Der enge Zusammenhang von Produkt/
Teile – Technologie – Zeit ermöglicht auch hier nur eine
fallspezifische Anwendung des Technologiekalenders; allgemeine, über den betrachteten Untersuchungsbereich
hinaus gehende Aussagen können nicht abgeleitet werden.

• Ableitung fallspezi-
fischer Aussagen

Eine der wesentlichen Schwierigkeiten bei der Anwendung der beschriebenen Systematik zur Technologieplanung besteht für viele Unternehmen in der unzureichenden Transparenz bezüglich der aktuellen und zukünftigen
Verfügbarkeit innovativer Technologien sowie deren Anwendungsfelder. Problematisch ist insbesondere die für
den Planungsprozeß erforderliche Verbindung von über-

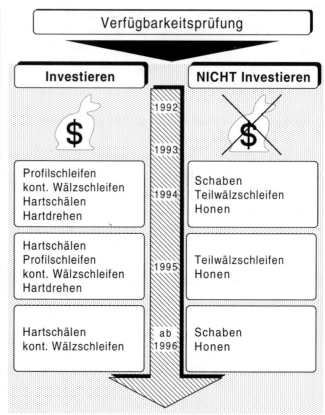

/nach: Mercedes-Benz AG/

Bild 2.39: Technologiekalender: Fallbeispiel Getriebefertigung

- Informations-
transparenz durch
Nutzung von Techno-
logiedatenbanken

greifendem Technologiewissen – beispielsweise zur Eingrenzung von Suchfeldern – einerseits und speziellem Wissen über die Anwendungsmöglichkeiten von Technologien andererseits. Weiterhin sind die zukünftigen Entwicklungen von Technologien abzuschätzen. Die Nutzung von Technologiedatenbanken ist hierbei eine wirksame Unterstützung (Bild 2.40).

Bei der in Bild 2.40 dargestellten Datenbank handelt es sich um die am Fraunhofer-Institut für Produktionstechnologie (FhG-IPT) und dem Institut für Technologiemanagement der Hochschule St. Gallen (ITEM-HSG) entwickelte Datenbank „dabit" [IPT 93a, IPT 93b]. In dieser Datenbank werden neue Fertigungsverfahren, Weiterent-

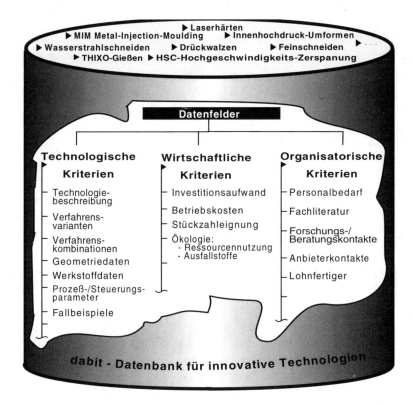

Bild 2.40: Technologiedatenbank

wicklungen konventioneller Verfahren und konventionelle Verfahren mit neuen Anwendungsgebieten abgelegt. Der Zugriff zu den Technologieinformationen kann wahlweise durch die Bezeichnung der Technologie oder durch eine interaktiv geführte Bauteilbeschreibung erfolgen. Die Technologieinformationen sind nach technologischen, wirtschaftlichen und organisatorischen Ordnungskriterien in Datenfelder abgelegt. Die Struktur der Datenbank ermöglicht so eine effektive und umfassende Benutzerinformation bei der Technologieplanung.

2.3.4 Design for Assembly (DFA)

- Rationalisierungs-
potential durch Pro-
duktgestaltung

Untersuchungen in Unternehmen belegen, daß die Fertigungskosten durch die Einführung neuer Technologien und Produktionssysteme nur um etwa 5 bis 10%, durch Maßnahmen zur Optimierung des Fertigungsflusses um ca. 10 bis 20% gesenkt werden können. Eine Verbesserung der konstruktiven Gestaltung der Produkte kann dagegen die Fertigungskosten um 20 bis 40% senken. Die Erschließung dieses Potentials erfordert die Unterstützung der Konstrukteure durch die Bereitstellung von Hilfsmitteln zur fertigungs- und montagegerechten Produktgestaltung. Dabei ist zwischen Methoden und Gestaltungsrichtlinien zu unterscheiden.

- Methodische An-
sätze: DFA und DFM

Die methodischen Ansätze zur fertigungs- und montagegerechten Konstruktion sind auch in Deutschland unter den englischsprachigen Bezeichnungen „Design for Manufacture" (DFM) und „Design for Assembly" (DFA) bekannt. Die Anwendung dieser Ansätze kann in unterschiedlichen Phasen der Produktentstehung erfolgen. Während in der Konzeptphase die wesentlichen Ziele in der Vereinfachung der Produktstruktur (DFA) und der Auswahl geeigneter Materialien und Prozesse (DFM) liegen, wird in der Detaillierung des Produktkonzeptes eine Verbesserung der Teileform für ein besseres Handling/Fügen (DFA) oder Handling/Bearbeiten (DFM) angestrebt.

- Fallbeispiel
DFA-Anwendung

Im folgenden soll exemplarisch die Anwendung der Methode „Design for Assembly" vorgestellt werden, wie sie in der Produktentwicklung eines Herstellers von Elektrogeräten angewendet wird. Die Grundlagen dieser Methode wurden von Boothroyd und Dewhurst erarbeitet [Boo 83]. Es sind 4 Untersuchungsschritte durchzuführen (Bild 2.41).

In einem ersten Schritt wird mit Hilfe einer Fragesystematik die Notwendigkeit der Einzelteile eines Produktes überprüft. Diese Abfrage zwingt den Konstrukteur zur Angabe von Gründen, die eine Elimination von Teilen oder die Kombination von Teilen ausschließen. Die Teile werden im Rahmen der Abfrage nach folgenden Kriterien untersucht und bewertet:

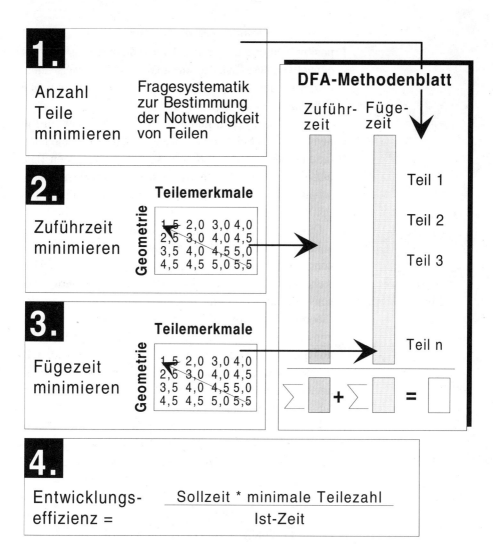

/nach: AEG AG/

Bild 2.41: Einsatz der DFA-Methode

1. Bewegt sich das Teil relativ zu allen Teilen, die bereits montiert sind?
2. Muß das Teil – verglichen mit den bereits montierten Teilen – aus anderem Material oder isoliert sein?
3. Muß das Teil von allen anderen Teilen getrennt sein, weil sonst die Montage oder Demontage anderer Teile unmöglich wäre?

• Sind alle Teile nötig?

Wenn mindestens eine dieser Fragen für ein Einzelteil positiv beantwortet werden kann, so handelt es sich um ein notwendiges Teil. Die Anzahl der auf diese Weise identifizierten notwendigen Teile wird „theoretisch minimale Teileanzahl" genannt [Boo 92].

Für die theoretisch minimale Anzahl an Teilen wird in den folgenden Schritten zunächst die Zuführzeit und dann die Fügezeit minimiert. Hierzu werden die einzelnen Teile hinsichtlich ihrer Geometrie und ihrer sonstigen Eigenschaften (z. B. Biegestabilität / Steifigkeitsverhalten etc.) optimiert.

- Montagegerechtheit wird meßbar

Die bestehende Konstruktionslösung wird abschließend anhand der in den Schritten 1 bis 3 abgeleiteten Ideallösung bewertet. Hierzu wird die Montagezeit der aktuell bestehenden Lösung der Montagezeit der optimierten Lösung gegenübergestellt, die unter Berücksichtigung der theoretisch minimalen Teileanzahl und der Minimierung von Zuführ- und Fügezeiten zustande kommen würde. Der aus Soll- und Istzeit gebildete Quotient wird als Entwicklungseffizienz bezeichnet und ist ein Maß für die Nähe einer konstruktiven Lösung zu der – unter Montageaspekten – idealen Lösung.

Um die Durchführung zu unterstützen, werden Datenbanken eingesetzt, die die erforderlichen Zeitinformationen für verschiedene Arten von Montagevorgängen beinhalten.

Unabhängig von der Anwendung formalisierter Methoden können Gestaltungsrichtlinien für eine montagegerechte Produktgestaltung formuliert werden. In Bild 2.42 sind exemplarisch Maßnahmen zur montagegerechten Formgebung von Einzelteilen und Baugruppen aufgeführt.

- Montagegerechte Produktgestaltung reduziert Aufwand in der Produktion

Wenn Bauteile und Varianten durch Standardisierung wegfallen, ist das gesamte Produktspektrum betroffen. Diese Maßnahmen haben damit eine übergreifende Wirkung. Positive Auswirkungen ergeben sich durch Aufwandreduzierung im Bereich der Materialdisposition und der Teilebereitstellung in der Produktion sowie durch die Möglichkeit zur Reduzierung von Lager- und Umlaufbeständen.

Bei der Konstruktion der Produkte ist weiterhin auf eine montagegerechte Produktstruktur zu achten. Durch die

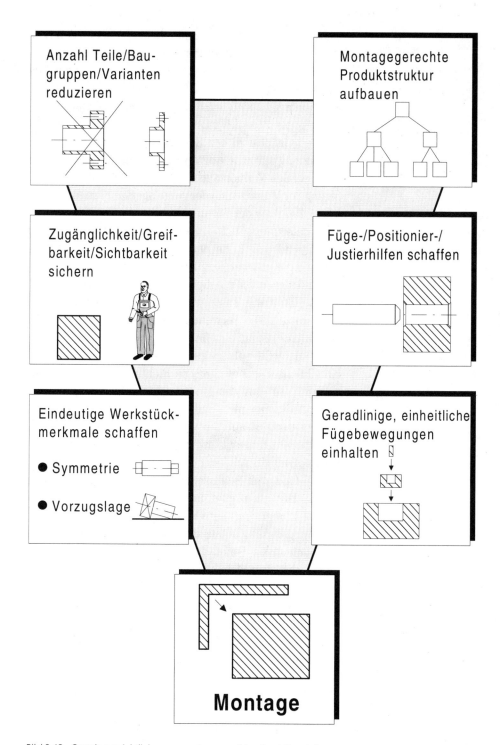

Bild 2.42: Gestaltungsrichtlinien zur montagegerechten Produktgestaltung

• Abgleich Produkt-
struktur und
Montagestruktur

sinnvolle Definition von Schnittstellen zwischen den Baugruppen eines Produktes können Montagevorgänge parallelisiert werden. Die Produktstruktur sollte darüber hinaus so gestaltet werden, daß Baugruppen schon vor der
Endmontage hinsichtlich ihrer Funktionalität geprüft werden können. Produktvarianten sollten in der Montage erst
spät – möglichst in der Endmontage – erzeugt werden.
Dies ermöglicht eine Abgrenzung von auftrags- bzw. kundenneutralen Vormontagebereichen und damit eine Beruhigung der Montage und der vorgelagerten Fertigung.

Die Tätigkeit der Monteure sollte durch die Produktmerkmale unterstützt werden. Dazu gehört, daß die zu
montierenden Teile für den Werker gut sichtbar, zugänglich und gut greifbar sind. Positionier- und Justiertätigkeiten sind soweit wie möglich zu vermeiden oder zumindest
durch Hilfen wie Fasen, Absätze, Zentrierungen etc. zu
unterstützen. Die Verwendung biegeschlaffer Teile (z.B.
Dichtungen) ist auf ein Minimum zu beschränken.

Die Bauteile sollten eine möglichst geradlinige und
einheitliche Fügebewegung in Richtung der Schwerkraft
zulassen, so daß das Montageobjekt für die einzelnen
Fügeoperationen nicht gedreht werden muß. Bei der Bauteilgestaltung ist auf Verwechslungssicherheit zu achten.
Dies bedeutet beispielsweise, daß die Werkstücke entweder symmetrisch oder betont unsymmetrisch auszuführen sind, keinesfalls aber nur geringfügige Asymmetrien (z.B. Wellenzapfen links: 10 mm lang, Wellenzapfen
rechts: 12 mm lang) aufweisen sollten. Das Handling der
Teile wird darüber hinaus durch die bewußte Schaffung einer eindeutigen Vorzugslage unterstützt. Dies kann z.B.
durch die Formgebung der Teile oder durch deren
Schwerpunktlage geschehen.

• Vorbereitung zur
Montageautomatisierung

Die beschriebenen Gestaltungsbeispiele beziehen sich
zunächst auf die Unterstützung von manuellen Montagetätigkeiten. Praxiserfahrungen zeigen jedoch, daß alle
Maßnahmen, die zu einer Erleichterung der manuellen
Montage beitragen, auch als produktseitige Vorbereitung
einer möglichen späteren Montageautomatisierung genutzt werden können.

Die Methode des Design for Assembly (DFA) bietet damit die Möglichkeit, bereits in der Produktentstehung die

Anforderungen nachgelagerter Unternehmensbereiche systematisch zu erfassen und zu berücksichtigen. DFA leistet damit einen wichtigen Beitrag zur Erzielung abgestimmter Entscheidungen im Rahmen des Simultaneous Engineering.

2.4 Organisationsstrukturen

2.4.1 Organisationsformen in der Produktentstehung

Ein organisatorisches Hilfsmittel bei der Durchführung von Produktentstehungsprojekten ist der Einsatz des Projektmanagements. Bei der Anwendung des Projektmanagements steht die Erfüllung gesetzter Projektziele, wie Termin-, Kosten-, Qualitäts- und Leistungsziele, im Vordergrund. Das Projektmanagement ist also auf die Erfüllung der operativen Ziele, die im Rahmen der Zieldefinition festgelegt werden (siehe auch Kapitel 2.1), ausgerichtet.

• Projektmanagement gewährleistet die Erfüllung der Projektziele

Nach DIN 69901 ist ein Projekt ein „Vorhaben, das im wesentlichen durch die Einmaligkeit der Bedingungen in ihrer Gesamtheit gekennzeichnet ist", wie z.B.:

– die Zielvorgabe,
– die zeitlichen, finanziellen, personellen oder anderen Begrenzungen,
– die Abgrenzung gegenüber anderen Vorhaben und
– die projektspezifische Organisation [NN 87, NN 89].

Das Projektmanagement kann nach LITKE in die Projektplanung, die Projektüberwachung und Projektsteuerung eingeteilt werden [Lit 93]. Hierunter sind jeweils folgende Aufgaben zu verstehen:

• Projektmanagement umfaßt Planung, Überwachung und Steuerung

– Projektplanung:
  Die systematische Informationsgewinnung über den zukünftigen Ablauf des Projektes und die gedankliche Vorwegnahme des notwendigen Handelns im Projekt.

– Projektüberwachung:
  Der Vergleich der Sollvorgaben der Projektplanung mit

den im Projektverlauf erreichten Ist-Werten und der Identifizierung von eventuellen Planabweichungen.

– Projektsteuerung:
Die Ausführung aller projektinternen Aktivitäten des Projektleiters, die erforderlich sind, um das geplante Projekt im Rahmen der Planungsvorgaben abzuwickeln und dadurch erfolgreich durchzuführen.

• Erfolgreiches Projektmanagement erfordert die Berücksichtigung vieler Kriterien

Für ein erfolgreiches Projektmanagement existiert eine Vielzahl von Kriterien, die beachtet werden müssen, so z.B.:

– die Funktionen, wie Planung, Steuerung und Überwachung,
– die strategische Projektorganisation, wie z.B. die Ablaufgestaltung (siehe Kapitel 2.2),
– die Methoden, wie Entscheidungstechniken, Netzplantechnik etc.,
– die menschlich kulturellen Kriterien und
– die Organisationsformen.

In den folgenden zwei Unterkapiteln wird der Schwerpunkt der Ausführungen auf den Organisationsformen liegen.

2.4.1.1 Typen der Entwicklungsorganisation

• Funktionale Strukturen weisen eine nach Fachbereichen organisierte Produktentstehung auf

In diesem Kapitel werden die wichtigsten und in der Praxis am häufigsten vorkommenden Organisationsformen kurz beschrieben. Hierbei kann zwischen vier Organisationsformen unterschieden werden:

– Funktionale Struktur,
– Einfluß-Projektmanagement,
– Matrix-Projektmanagement und
– Reines Projektmanagement.

Die funktionale Struktur, dargestellt im Bild 2.43, ist gekennzeichnet durch eine nach Fachbereichen organisierte Entwicklung. Hierbei ist jedem Fachbereich ein Fachbereichsleiter zugeordnet, der für die Aufgaben und Inhalte der Arbeiten der Spezialisten innerhalb des Fachbereiches verantwortlich ist. Die Verantwortung für die Abwicklung

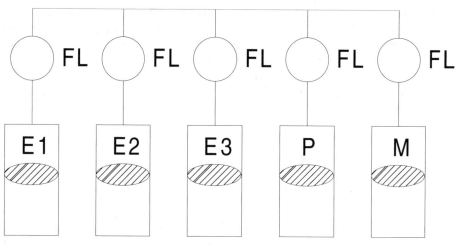

Legende:

FL = Fachbereichsleiter
Ex = Entwicklungseinheit (funktional)
▨ = Arbeitsebene

M = Marketing
P = Produktion

/nach Clark, Fujimoto/

Bild 2.43: Funktionale Struktur

des Gesamtprojekts liegt in der Regel bei einer solchen Organisationsform in den Händen der Geschäftsleitung. Die Arbeiten im Rahmen eines Produktentstehungsprojektes werden getrennt voneinander jeweils in den einzelnen Fachbereichen durchgeführt. Diese Struktur ist für die Abwicklung von Entwicklungsprojekten nach den Leitlinien des Simultaneous Engineering nur bedingt geeignet, da unter anderem folgende erhebliche Nachteile mit dieser Organisationsform verknüpft sind:

• Funktionale Strukturen haben erhebliche Nachteile bei der Realisierung des S.E.

– Es ist kein regelmäßiger Informationsaustausch zwischen den Experten der einzelnen Fachbereiche möglich.
– Das Know-how der Experten aus den einzelnen Fachbereichen kann nur schwer aufgabenbezogen konzentriert werden.
– Der Kenntnisstand bezüglich der Informationen zum Projekt ist bei den einzelnen Mitarbeitern sehr unterschiedlich.

- Eine Parallelisierung von Planungsabläufen ist nur begrenzt möglich, da die notwendige Abstimmung über die „Abteilungsgrenzen" hinweg nur schwer erfolgen kann.

• Bei einer funktionalen Struktur muß eine exakte Definition von Aufgaben und Schnittstellen erfolgen

Bei der Abwicklung von Entwicklungsprojekten mit dieser Organisationsform ist es von entscheidender Bedeutung, die Entwicklungsaufgabe exakt in Teilaufgaben zu strukturieren und definierte Schnittstellen vorzugeben. Bei einer eventuell notwendigen Änderung der Teilaufgaben oder Schnittstellen ist das Management aufgrund der beschriebenen Informationsdefizite sehr aufwendig.

Bei der Entwicklungsorganisation unter Anwendung des Einfluß-Projektmanagements (Bild 2.44) ist die Hauptstruktur ebenfalls eine funktionale Struktur, d.h. die einzelnen Entwickler sind den Fachbereichen zugeordnet.

Im Unterschied zur rein funktionalen Struktur wird hier jedoch ein Produktmanager, der bei einer entsprechenden Projektgröße noch einen oder mehrere Assistenten zugewiesen bekommen kann, ernannt. Dieser Produktmanager

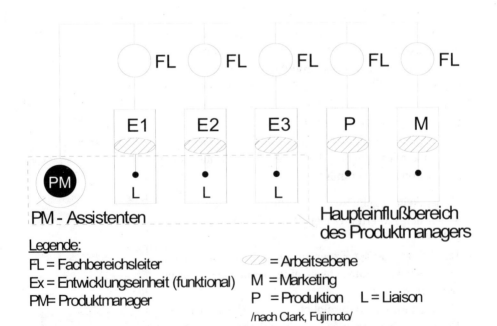

Bild 2.44: Einfluß-Projektmanagement

nimmt dabei folgende Hauptaufgaben bei der Abwicklung von Produktentstehungsprojekten wahr:

– Sammeln der einzelnen Informationen und
– Koordination der einzelnen Arbeiten.

Der Produktmanager innerhalb dieser Organisationsform verfügt lediglich über einen begrenzten Handlungsspielraum und hat z.B. keinerlei Einfluß auf die Arbeitsinhalte. Diese obliegen inhaltlich den Fachbereichsleitern.

Die dritte Organisationsform ist das Matrix-Projektmanagement (Bild 2.45). Als eine Erweiterung des Einfluß-Projektmanagements zeichnet sie sich aus durch einen

– großen Einfluß des Produktmanagers,
– einen direkten und indirekten Einfluß des Produktmanagers auf die Arbeitsinhalte und

> • Einfluß-Projektmanagement:
> Produktmanager ohne Einfluß auf die Arbeitsinhalte
>
> • Matrix-Projektmanagement als Erweiterung des Einfluß-Projektmanagements

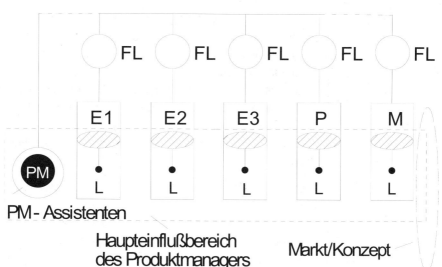

Bild 2.45: Matrix-Projektmanagement

– die Integration aller funktionalen Bereiche bis hin zur Schnittstelle zum Markt.

Der Einfluß der Fachbereichsleiter wird zugunsten des Produktmanagers und der ihm zugewiesenen Assistenten eingeschränkt. Die Entwicklungsexperten bleiben in ihren einzelnen Bereichen den Fachbereichsleitern unterstellt. Der Produktmanager übernimmt jedoch über seinen erweiterten Einfluß auf die Arbeitsinhalte projektspezifisch die Führung der Entwickler. Damit steigt seine Produktverantwortung erheblich.

Die hohen Anforderungen an den Produktmanager, seine notwendige Führungs- und Fachkompetenz erfordert die Wahl eines hochqualifizierten Mitarbeiters für diese Position. Bei der Zusammenarbeit mit den Spezialisten in den Fachbereichen und Entwicklungseinheiten können sich aufgrund verschiedener Sichtweisen und Mehrfachbelastung durch verschiedene Aufgaben in unterschiedlichen Projekten Interessenkonflikte ergeben, die eventuell zu Reibungsverlusten führen. Der Erfolg eines Produktmanagers hängt deshalb nicht zuletzt von dessen integrativen Fähigkeiten einerseits und seiner Ausstattung mit Befugnissen andererseits ab.

Eine konsequente Weiterführung des Matrix-Projektmanagements ist das reine Projektmanagement (Bild 2.46). Die funktionale Struktur ist in dieser Organisationsform für die Dauer eines Entwicklungsprojektes aufgelöst worden. Das reine Projektmanagement ist gekennzeichnet durch

– das Herauslösen der Entwickler aus der funktionalen Struktur,
– eine rein produktbezogene Aufgabe pro Entwickler,
– die breite Verantwortung der Projektmitglieder und
– einen sehr großen Einfluß des Projektmanagers.

Bei dieser Art der Projektorganisation wird produktspezifisch ein festes Team aus den für die Aufgabenstellung am besten geeigneten Experten zusammengestellt. Die Problemlösung in einer überschaubaren Gruppe läßt hier aufgrund intensiver Kommunikation und hoher Wissenskonzentration optimale Ergebnisse erwarten. Der bei dieser

• Matrix-Projektmanagement: Produktmanager mit Einfluß auf die Arbeitsinhalte

• Reines Projektmanagement: Aus der funktionalen Struktur herausgelöstes, festes Team

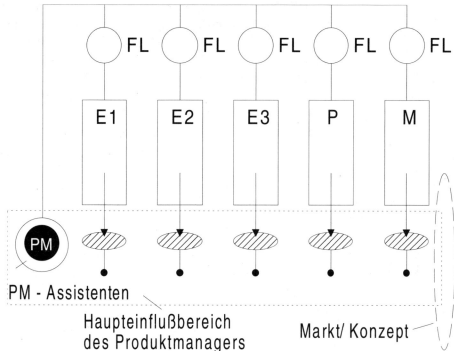

Bild 2.46: Reines Projektmanagement

Organisationsform noch einmal erweiterte Einfluß des
Produktmanagers im Vergleich zum Matrix-Projektmanagement erfordert auch hier eine hohe Qualifikation.

    Ein gravierender Nachteil dieser Organisationsform ist
die Bindung hochqualifizierten Personals an das jeweilige
produktspezifische Projekt. Darüber hinaus birgt die Bildung einer „horizontal funktionalen" Struktur hier ähn-
liche Probleme wie die Vertikale der funktionalen Struktur.
Es bilden sich, statt der Fachbereiche, „Produktbereiche",
in denen insbesondere der Informationsaustausch bezüglich der Nutzung von Synergieeffekten Probleme bereitet.

    In der Praxis werden die oben beschriebenen vier
Organisationsformen unterschiedlich eingesetzt. Im Bild

• Nachteil des reinen
Projektmanagement:
Bindung des Personals
an ein Projekt

2.47 ist die Verteilung der einzelnen Organisationsformen bei Automobilherstellern dargestellt, wobei die genannte Mischform eine Zwischenform aus Einfluß- und Matrix-Projektmanagement darstellt.

Die funktionale Struktur, das Matrix-Projektmanagement und noch weniger das reine Projektmanagement sind aufgrund der oben beschriebenen Nachteile nur gering vertreten. Das Einfluß-Projektmanagement wird wegen seiner einfachen Realisierbarkeit und Integrierbarkeit in bestehende Strukturen am häufigsten angewandt. Das hohe Vorkommen der Mischform läßt jedoch auf einen Trend in Richtung Matrix-Projektmanagement schließen.

- In der Praxis am häufigsten vertreten: Einfluß- und Matrix-Projektmanagement

2.4.1.2 Fallbeispiele zu Organisationsformen

Die Folge von langen Entwicklungszeiten und Qualitätsproblemen sind unweigerlich Markteinbußen. Eine Möglichkeit für Unternehmen, sich den ständig wandelnden Marktsituationen anzupassen, ist durch organisatorische

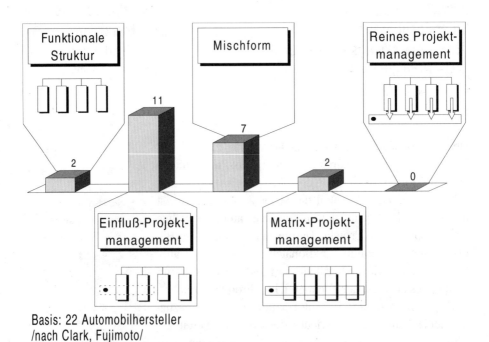

Basis: 22 Automobilhersteller
/nach Clark, Fujimoto/

Bild 2.47: Organisationsformen in der Automobilindustrie

Maßnahmen gegeben. Die hohe Marktdynamik und die hohen Ansprüche erfordern heutzutage ein schnelles und zielgerichtetes Handeln statt einer sich entwickelnden langsamen Anpassung. Wie die Situation eines Unternehmens effizient und erfolgreich mit Hilfe der Organisationsstruktur verbessert werden kann, wird hier in zwei Fallbeispielen verdeutlicht.

In einem ersten Beispiel zeigten sich bei einem Automobilzulieferer die in Bild 2.48 aufgeführten Auswirkungen aufgrund der rein in vertikale Funktionsbereiche strukturierten, funktionalen Organisation. Die funktionale Organisationsform führt bei der Abwicklung von Produktentstehungsprojekten zu Kompetenzkonflikten zwi-

- Hohe Marktdynamik erfordert schnelles und zielgerichtetes Handeln

- Kompetenzkonflikte bei funktionaler Organisation

/nach Fichtel & Sachs AG/

Bild 2.48: Auswirkungen der funktionalen Organisation

• Fallbeispiel:
Matrixorganisations-
form

schen den einzelnen Bereichen. Sie basieren auf einer unklaren Definition der Zuständigkeiten und Verantwortungen im Projekt. Die Zentralbereiche sind ohne eine direkte Bindung zum Produkt („Product identity"). Dieser Zustand wird verstärkt durch die vorherrschende Konkurrenz zwischen den Zentralbereichen. Lange Durchlaufzeiten für Entscheidungen durch die entstandene Bürokratisierung sind die Folge.

Eine Lösung für die genannten Probleme wird bei dem Automobilzulieferer in der in Bild 2.49 dargestellten Organisationsform gesehen. Unter der Voraussetzung, daß es gelingt, im Unternehmen weg vom Abteilungsdenken hin zu einer gesamtheitlichen Sichtweise zu gelangen, soll hier über die vertikale Strukturierung in Geschäftsbereiche und die gleichzeitige Einrichtung horizontaler Funktionsbereiche eine Verbesserung der Marktsituation des Unternehmens erreicht werden. Von dem anzustrebenden offenen Informationsaustausch und dem Abbau von inneren

/nach Fichtel & Sachs AG/

Bild 2.49: Organisation in Funktions- und Geschäftsbereiche, Erwartungen

Spannungen erwartet das Unternehmen eine verbesserte Zusammenarbeit über Bereichsgrenzen hinweg. Voraussetzung hierfür ist es, hochqualifiziertes und leistungsbereites Personal projektorientiert zu motivieren. Darüber hinaus ermöglicht die Einführung von produktorientierten Geschäftsbereichen eine klare Zuordnung von Verantwortung zu Produkt, Markt und Kunde. Dies verbessert die „Product identity" im Unternehmen. Gleichzeitig soll es mit dieser Organisationsform gelingen, die Durchlaufzeiten für Entscheidungen zu verkürzen, wodurch die Flexibilität und Schnelligkeit erhöht wird.

Wie in Abschitt 2.4.1.1 beschrieben, bringt eine reine Matrix-Organisation auch Nachteile mit sich. Die hohe produktspezifische Konzentration von Experten und Spezialisten unter einer starken Projektleitung vermag jedoch

- Flexibilität und Schnelligkeit,
- interne Vernetzung und Kommunikation,
- Kundenzufriedenheit und
- Profitabilität

zu gewährleisten.

Die Nachteile, die mit dem Herauslösen qualifizierten Personals aus den Fachbereichen verbunden sind, lassen sich durch die Bildung von temporären Projektteams reduzieren.

Die Entwicklungsbereiche von Kupplungen sind bei dem Automobilzulieferer wie in Bild 2.50 dargestellt organisiert.

Unter dem Funktionsbereich Kundenmanagement werden die Geschäftsbereiche PKW, Nutzfahrzeuge und After Market Produkte geführt, der Bereich Produktmanagement übernimmt die Führung der Geschäftsbereiche Schwingungsdämpfung und Momentübertragung.

Insgesamt verfolgt das Beispielunternehmen mit den neuen Organisationsformen das Ziel, eine schlanke Organisation mit wenigen Hierarchiestufen einzuführen. Dies führt letztendlich zu einer Steigerung des wirtschaftlichen Ergebnisses mit der Aussicht, die Marktposition zu festigen und auszubauen.

Im zweiten Fallbeispiel wird gezeigt, wie die operative Zusammenarbeit zwischen den einzelnen Bereichen eines

• Experten und Spezialisten konzentrieren!

• Temporäre Projektteams bilden!

• „Schlanke" Organisationsformen führen zur Steigerung des wirtschaftlichen Ergebnisses

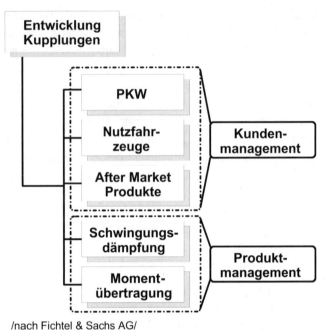

/nach Fichtel & Sachs AG/

Bild 2.50: Matrix-Organisation in der Kupplungs-Entwicklung

Unternehmens verbessert werden kann. Der Ausgangs-
zustand bei der Produktentstehung war gekennzeichnet
durch eine

– schlechte Termintreue in den Phasen der Produktentstehung und eine
– hohe Anzahl von Änderungen.

Der Lösungsansatz für diese Probleme ist in einer Änderung der Organisation, wie sie in Bild 2.51 dargestellt ist,
zu finden.

In einer ersten Teillösung sollen Simultaneous Engineering Teams bereichsübergreifend eingesetzt werden.
Durch die Einführung dieser Teams sollen die Probleme
bei der bereichsübergreifenden Zusammenarbeit in den
frühen Phasen der Produktentstehung durch den intensiven regelmäßigen Informationsaustausch zwischen Experten und Spezialisten aller betrieblichen Bereiche gelöst
werden. Die S.E.-Teams sind hierbei direkt der Geschäftsleitung unterstellt. Die folgenden Aufgaben sind hierbei zu
erfüllen:

• Bereichsübergrei-
fende Zusammenar-
beit durch S.E.-Teams

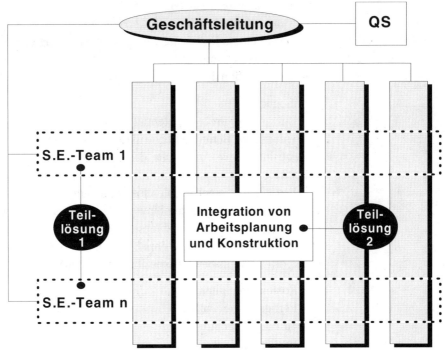

Legende:
S.E. = Simultaneous Engineering
QS = Qualitätssicherung

Bild 2.51: Aufbauorganisation für eine integrierte Produktentwicklung

– Projektübergreifende Ressourcenplanung und -steue-
  rung,
– Koordination der S.E.-Teams,
– Vorbereitung der Entscheidungen bez. Projektprioritä-
  ten,
– Prioritätsorientierte Terminplanung und -steuerung,
– Konfliktmanagement und
– Sicherstellen projektübergreifender Synergien.

In einem zweiten Schritt ist die Integration von Konstruktion und Arbeitsplanung speziell für die Realisierungsphase vorgesehen. Diese soll aufbauorganisatorisch

– den interaktiven Entwurfsprozeß,
– die simultane Erstellung von Zeichnungen und Arbeits-
  plänen,

• Potentialerschlie-
ßung durch Integra-
tion von Konstruktion
und Arbeitsplanung

– die Synchronisation der Prioritäten,
– frühzeitig durchgeführte Bewertungen,
– die simultane Erstellung von Gesamtzeichnung und Arbeitsunterweisung und
– die Reduktion des Verwaltungsaufwandes

ermöglichen.

• Freier Ideenaustausch!

Ein großes Problempotential liegt in der räumlichen Trennung der Bereiche Konstruktion und Arbeitsplanung. Hohe innovative Ansprüche des Marktes erfordern verlustfreie Kommunikation und freien Ideenaustausch zwischen allen an einer Problemlösung beteiligten Personen über die Bereichsgrenzen hinweg. Besonders bei der Bewertung von Arbeitsergebnissen und -umfängen ergibt sich ein hohes Konfliktpotential, da von unterschiedlichen Experten jeweils bereichsspezifisch Kriterien wie

– Kostengerechtheit,
– Fertigungsgerechtheit,
– Montagegerechtheit,
– Prüfgerechtheit,
– Servicegerechtheit etc.

angelegt werden müssen.

• Persönlicher Kontakt erleichtert die Zusammenarbeit

• Durch S.E.-Teameinsatz und Integration von Konstruktion und Arbeitsplanung bis zu 30 % Durchlaufzeitreduzierung

Ein eingehendes Verständnis für Entscheidungen jeder Art kann in einem direkten Kontakt besser vermittelt werden, wobei hier durch einen persönlichen Kontakt durchaus ein „sich Einspielen" des Personals möglich wird. Man erreicht große Zeitersparnisse durch ein eingespieltes, räumlich konzentriertes Team in den zeitintensiven Phasen der Produktentstehung einerseits und eine Parallelisierung der Tätigkeiten andererseits. Insbesondere Reibungsverluste durch die wiederholten Abstimmungen und Datenweitergaben an der Schnittstelle getrennter Konstruktions- und Arbeitsplanungsabteilungen können so mit dem Erfolg einer hohen Durchlaufzeiteinsparung ($\sim 30\,\%$) abgebaut werden.

2.4.2 Simultaneous Engineering Teams

Voraussetzung für die Realisierung des Simultaneous Engineering sind organisatorische Strukturen, die auf die

Grundsätze und Leitlinien des Simultaneous Engineering ausgerichtet sind. Hierbei gibt es, wie bereits in Kapitel 2.4.1 beschrieben, eine Vielzahl organisatorischer Gestaltungsmöglichkeiten für Produktentstehungsprojekte. Die Aufgabe eines jeden Unternehmens ist es hierbei, die für ihre spezifischen Anforderungen bei der Durchführung eines Produktentstehungsprojektes am besten geeignete Organisationsform zu finden.

• Jedes Unternehmen muß die für sich am besten geeignete Organisationsform finden

Im Bild 2.52 sind die fünf in der Praxis am häufigsten anzutreffenden Organisationsformen bezüglich ihrer Eignung für Simultaneous Engineering Produktentstehungsprojekte im Vergleich dargestellt.

Im einzelnen sind das folgende Organisationsformen:

1. Die funktionale Struktur mit getrennter Konstruktions- und Produktionsplanungsabteilung, die beide der Geschäftsleitung unterstellt sind. Die Geschäftsleitung trägt hierbei die Verantwortung für die Produktentstehungsprojekte.
2. Die funktionale Struktur mit getrennter Konstruktions- und Produktionsplanungsabteilung mit wechselnder phasenabhängiger Verantwortlichkeit in einem Produktentstehungsprojekt.
3. Die integrierte Konstruktions- und Produktionsplanungsabteilung in einer funktionalen Struktur.
4. Die Bildung von interdisziplinären Teams aus Mitarbeitern aller Bereiche, die an der Produktentstehung beteiligt sind. Diese Teams werden auch Simultaneous Engineering Teams (S.E.-Team) genannt. Hierbei sind in den unterschiedlichen Phasen der Produktentstehung Mitarbeiter aus allen Unternehmensbereichen sporadisch involviert. Diese Mitarbeiter sind dabei disziplinarisch ihren einzelnen Fachbereichen zugeordnet und nehmen dort parallel auch noch andere Aufgaben wahr. Diese Organisationsform ist mit dem Einfluß- bzw. Matrix-Projektmanagement vergleichbar.
5. Das institutionalisierte Simultaneous Engineering Team, dem Mitarbeiter aus allen am Produktentstehungsprozeß beteiligten Bereichen zugeordnet sind. Die Mitarbeiter sind bei dieser Organisationsform – im Gegensatz zu Punkt vier – fest dem S.E.-Team zugeordnet und für die

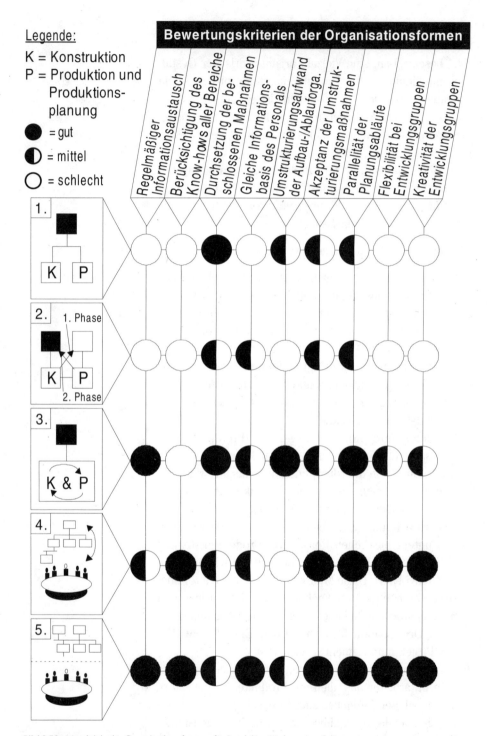

Bild 2.52: Vergleich der Organisationsformen für Produktentstehungsprojekte

Dauer des Produktentstehungsprojektes aus der bestehenden Organisationsstruktur herausgelöst. Dies bedeutet, daß sie auch disziplinarisch den Produktverantwortlichen unterstellt sind. Die Organisationsform „institutionalisiertes Simultaneous Engineering Team" entspricht dem reinen Projektmanagement.

Die Bewertung dieser fünf Organisationsformen in Bild 2.52 erfolgt anhand folgender Kriterien:

- Regelmäßigkeit des Informationsaustausches,
- Berücksichtigung des Know-hows aller Bereiche,
- Durchsetzbarkeit von beschlossenen Maßnahmen,
- Gewährleistung des gleichen Informationsstandes beim involvierten Personal,
- Aufwand bei der Umstrukturierung bei neuen Projekten,
- Akzeptanz der Umstrukturierung bei den Mitarbeitern,
- Parallelisierbarkeit von Planungsabläufen sowie
- Flexibilität und
- Kreativität der Entwicklungsgruppen.

Der Vergleich zeigt, daß nahezu alle Kriterien bei der Organisationsform „institutionalisiertes Simultaneous Engineering Team" (Organisationsform 5) gut erfüllt werden. Dies läßt den Schluß zu, daß der größte Erfolg bei der Durchführung eines Produktentstehungsprojektes mit einem fest installierten S.E.-Team erreicht werden kann.

• Das Team ist die am besten geeignete Organisationsform für S.E.

Als zweitbeste Organisationsform erweisen sich S.E.-Teams, deren Mitarbeiter disziplinarisch den Funktionsbereichen unterstellt bleiben und nur zeitweise dem S.E.-Team angehören (Organsationsform 4).

In Bild 2.53 ist die Häufigkeit und die Zusammensetzung der Organisationsstrukturen von Produktentstehungsprojekten in amerikanischen Unternehmen aufgezeigt.

Für die späten Phasen der Konzeptrealisierung erweist sich aufgrund eines guten und regelmäßigen Informationsaustausches zwischen den Mitarbeitern die integrierte Konstruktions- und Planungsabteilung als die am besten geeignete Organisationsform.

Danach werden bei 64% der Unternehmen Simultaneous Engineering Teams eingesetzt. Hierbei sind die S.E.-

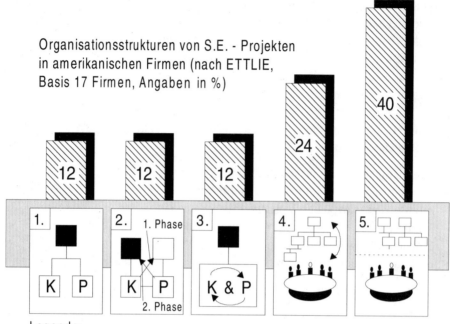

Organisationsstrukturen von S.E. - Projekten
in amerikanischen Firmen (nach ETTLIE,
Basis 17 Firmen, Angaben in %)

Legende:

K = Konstruktion

P = Produktion und Produktionsplanung

Bild 2.53: Organisationsstrukturen von Simultaneous Engineering Projekten

• 64% der Unternehmen setzen S.E.-Teams ein

Teammitglieder zeitweise (24%) bzw. während des gesamten Produktentstehungsprojektes (40%) im S.E.-Team involviert. Bei 36% der Produktentstehungsprojekte sind die anderen drei Organisationsformen funktionale Struktur, funktionale Struktur mit wechselnder Verantwortung bzw. integrierte Konstruktion und Produktionsplanung vorzufinden.

2.4.2.1 Randbedingungen des Simultaneous Engineering Teameinsatzes

• Für einen erfolgreichen S.E.-Teameinsatz müssen die Randbedingungen beachtet werden

Das Gelingen eines S.E.-Projektes ist stark von der Gestaltung der Organisationsform abhängig. Zur erfolgreichen Durchführung von Produktentstehungsprojekten bei Einsatz von S.E.-Teams ist es notwendig, die Randbedingungen des Teameinsatzes zu klären. Als Randbedingungen müssen hierbei

– Kapazitätsverteilung der Ressourcen,
– Einbindung der Fachabteilungen,
– Teamgröße,
– Teamorganisation,
– Kernteambildung und
– Einbindung externer Mitarbeiter

betrachtet werden (Bild 2.54).

Die Randbedingungen beeinflussen maßgeblich die Art, Größe, Zusammensetzung sowie die Arbeitsweise und letztendlich den Erfolg eines Projektteams. Aus der Kapazitätsverteilung der Ressourcen, d.h. welche Unternehmensbereiche mit welchen Kapazitäten an dem Projekt beteiligt sind, ergibt sich die Zusammensetzung des Teams aus den verschiedenen Fachabteilungen. Bei Kooperationen mit Lieferanten sind auch Teammitglieder aus den Reihen des Zulieferers in das Team mit einzubeziehen.

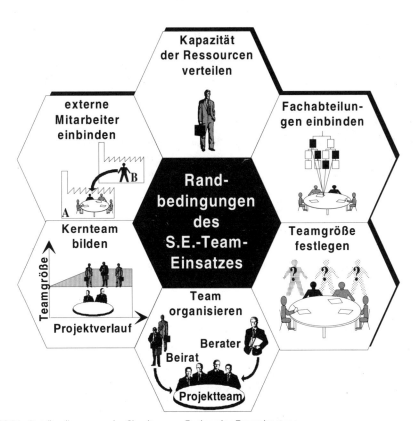

Bild 2.54: Randbedingungen des Simultaneous Engineering Teameinsatzes

Diese externen Mitarbeiter nehmen dann bereits in den frühen Phasen der Produktentstehung an den Teamsitzungen teil, um ihr Know-how direkt mit einfließen zu lassen. Die S.E.-Teamgröße ist abhängig vom zeitlichen und inhaltlichen Projektverlauf. Empfehlenswert ist in diesem Zusammenhang, ein Projekt mit einem kleinen Kernteam zu starten. Ein solches Kernteam hat die Aufgabe, den Rahmen des Projektes zu definieren, den Ablauf zu koordinieren und die benötigten weiteren Teammitglieder auszuwählen. Die Realisierungsphase wird dann von einem erweiterten Team mit Unterstützung der Fachabteilungen durchgeführt. Dadurch läßt sich vor allem die Realisierungsphase erheblich verkürzen.

Ein weiterer wichtiger Aspekt ist die Managementunterstützung während des Projektes. Dies kann duch eine Beratung von Spezialisten oder einem zu bildenden Beirat aus Geschäftsleitungsmitgliedern geschehen. Voraussetzungen für die Handlungsfähigkeit eines S.E.-Teams innerhalb eines Unternehmens sind hierbei (Bild 2.55):

– klare Beschreibung der Aufgabe,
– Abgrenzung der Kompetenzen sowie
– Festlegung der Verantwortung.

Diese Punkte sind vor Projektstart in Abstimmung mit der Unternehmensleitung, dem Management und der Projektleitung zu definieren. Werden diese Aspekte vorher nicht eindeutig festgelegt, sind Kompetenzüberschneidungen und unklare Zuständigkeiten die Folge. Dies kann zu einer Gefährdung des Erfolges des Produktentstehungsprojektes führen.

Wichtig bei der Bildung von Simultaneous Engineering Teams ist die Festlegung des Personaleinsatzes unter den Gesichtspunkten:

– Kompetenz des Projektleiters,
– Kapazitätsbereitstellung nach Projektfortschritt,
– Sicherung der Kontinuität im Projekt und
– Verbreitung von System-Know-how.

Im Bild 2.56 wird der optimale Personaleinsatz in einem Team anhand dieser Aspekte noch einmal vertiefend dargestellt:

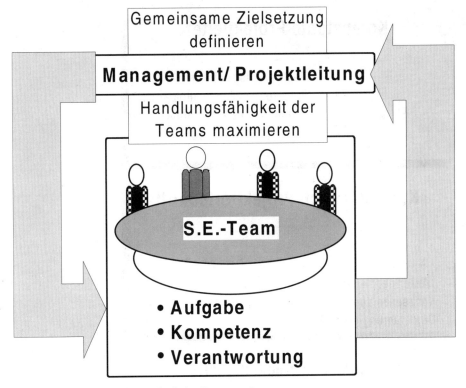

Bild 2.55: Bildung der S.E.-Teams durch das Management

– Die Anforderungen an die Qualifikation des Projektleiters verlangen eine sehr große Kompetenz des Mitarbeiters, der diese Position wahrnimmt. Die Ernennung eines solch hoch qualifizierten Mitarbeiters als Projektleiter, teilweise auch aus den „unteren Hierachieebenen",
  bedeutet nicht zwingenderweise eine Übernahme dispo-
  sitiver Tätigkeiten. Diese können von ihm auch weiter-
  delegiert werden.

  • Hohe Qualifikation des Projektleiters erforderlich!

– Die Kapazität des Projektteams sollte sich nach dem
  Projektfortschritt richten. Das hier anzuwendende Prin-
  zip, auch „Antennen"-Modell genannt, sieht zunächst ein
  kleines Team (Kernteam) in der Konzeptionsphase des
  Projektes vor. Erst in der Durchführungsphase ist eine
  „große Mannschaft" zur schnellen Realisierung des Produktkonzeptes sinnvoll.

  • Kapazitätsvertei-lung nach dem „Antennenmodell"!

– Die Kontinuität des Projektfortschrittes muß gewährleistet sein, um die vorhandenen Kapazitäten der involvier-

Kompetente Projektleiter

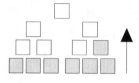

Technik/Disposition
Förderung nicht unmittelbar
verbunden mit Übernahme
von dispositiven Tätigkeiten

Kapazität nach Projektfortschritt

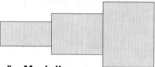

"Antennen" - Modell:
Konzeption durch kleines Team, erst für die
Durchführung große Mannschaft

Kontinuität im Projekt sichern

unproduktive Zeiten verringern

Produktivität:
Einarbeitungszeit und die zufälligen anderen
Lösungen müssen begrenzt werden

System-Know-how verbreiten

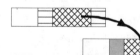

Problemlösung nur einmal

Design-Amnesia:
40% der auftretenden Probleme wurden schon im
letzten Projekt gelöst (McKinsey)

/nach Siemens AG, McKinsey/

Bild 2.56:　Leitlinien für einen optimalen Personaleinsatz in Teams

ten Teammitglieder maximal zu nutzen. Unproduktive
Zeiten lassen sich auf diese Weise vermeiden.
- Weiterhin muß angestrebt werden, daß das einmal erarbeitete System-Know-how innerhalb eines Projektes im
gesamten Unternehmen verbreitet wird. Dadurch ist es
später möglich, dieses Wissen bei einem ähnlich gearte-
ten Problem wieder anzuwenden.

• Kontinuierlicher Pro-
jektfortschritt erforderlich!

• System-Know-how
verbreiten!

Nach einer Umfrage des Institutes für Unternehmenskybernetik bei 117 Unternehmen sind in der Praxis bei ca.
80% der Unternehmen zeitweilige oder ständige Teams
bzw. Projektgruppen im Einsatz (Bild 2.57) [Ar-Ko 93].
Hierbei sind 21% der Projektgruppenmitglieder bzw.
Teammitglieder ausschließlich der Projektarbeit im Team
zugeordnet. Ein Viertel der Projektgruppenmitglieder bzw.
Teammitglieder nehmen auf Abruf an den Teamsitzungen
teil. Diese sind Mitarbeiter aus den unterschiedlichen
Bereichen, die in Abhängigkeit des Projektfortschrittes
oder bei eventuell auftretenden Problemen als Experten
zu den Teamsitzungen hinzugezogen werden. Ein großer

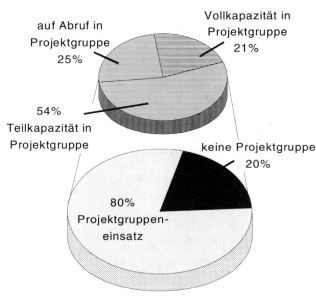

Basis: 117 Unternehmen
/Quelle: Institut für Unternehmenskybernetik/

Bild 2.57: Einsatzhäufigkeit und Kapazitätszuordnung des Teameinsatzes

• 54 % der Teammit-
glieder sind nur mit
Teilkapazitäten im
S.E.-Team involviert

Teil der Teammitarbeiter (54 %) ist mit einer Teilkapazität
fest dem Team zugeordnet. Diese Mitarbeiter sind mei-
stens Spezialisten, die in mehreren Projektteams gleichzeitig involviert sind bzw. noch Aufgaben in ihren Fachbereichen wahrnehmen. Dies belegt, daß das „Antennenmodell" in der Praxis Anwendung findet.

2.4.2.2. Aufgaben des Simultaneous Engineering Teams und Teamzusammensetzung

Das Simultaneous Engineering Team besteht in der Regel
aus einem Projektleiter und mehreren Teammitgliedern
aus den verschiedenen an der Produktentstehung beteiligten Bereichen. Die Aufgaben, die das Simultaneous Engineering Team während des Produktentstehungsprojektes
wahrnimmt, können in die Phasen

– Ermittlung der Aufgabenstellung bzw. Zieldefinition,
– Konzeption sowie
– Entwicklung und Realisierung

unterteilt werden.

Der Projektleiter hat hierbei in der Phase „Klärung der
Aufgabenstellung bzw. Zieldefinition" die Hauptaufgabe
der Grobterminierung, Grobstrukturierung und Kosten-
schätzung des zu entwickelnden Produktes. In der Konzeptphase ist er in erster Linie für

• Projektleiter:
Administrative und
koordinierende Auf-
gaben

– Aufbau der Projektstruktur,
– Bilden und Verteilen von Arbeitspaketen sowie
– Festlegung und Koordination von Abläufen

zuständig. Während der eigentlichen Entwicklungs- und
Realisierungsphase übernimmt er die

– Kontrolle und
– Steuerung des Projektes sowie die
– Anpassung der Ergebnisse bzw. Ziele.

Die Aufgaben des Projektleiters sind in erster Linie auf
administrative und koordinierende Aufgaben beschränkt.

Die einzelnen Projektmitglieder sind in der Phase „Klärung der Aufgabenstellung bzw. Zieldefinition" für die

Erfassung der Kostenanforderungen, Qualitätsanforde-
rungen, Marktsituation und geforderten Funktionen des
Produktes zuständig. Bei der Konzepterstellung erarbeiten die jeweiligen Teammitglieder das

– Produktkonzept und
– Produktionskonzept sowie das
– Vertriebskonzept.

- Teammitglieder:
Inhaltliche Aufgaben
bei Konzept und
Realisierung

In der Entwicklungs- und Realisierungphase erfolgt durch
die Teammitglieder die

– Gestaltung des Produktes sowie die
– Erprobung von Produkt und Produktion.

Diese Aufgabenverteilung in der Teamarbeit bei einem
Produktentstehungsprojekt spiegelt sich auch am konkre-
ten Beispiel eines Anlagenbauers aus dem Arbeitskreis wider (Bild 2.58).

Am Beispiel „Projektteam eines Automobilherstellers"
aus dem Arbeitskreis wird die Aufgabenintegration innerhalb des S.E.-Projektteams deutlich (Bild 2.59).

Für den reibungslosen und effektiven Ablauf eines Produktentstehungsprojektes wird ein S.E.-Team eingesetzt,
in dem entsprechend der notwendigen Aufgaben Mitarbeiter aus dem kaufmännischen Bereich, dem Vertrieb, der
Entwicklung und der Produktion in einem Team vereint
werden. Hierbei wird das Zusammenspiel der Aufgaben
und Ergebnisse der Mitglieder aus den einzelnen Bereichen deutlich.

- Interdisziplinäre
S.E.-Teams einsetzen!

So beeinflussen beispielsweise die vom Vertrieb analy-
sierten und spezifizierten erzielbaren Marktpreise die Entwicklung. Der Vertrieb schafft hierdurch monetäre Re-
striktionen (Zielkosten), die bei der Entwicklung des Produktes zu berücksichtigen sind. Umgekehrt sind die
Bewertungen der Produktentwürfe der Entwicklungsab-
teilung durch den kaufmännischen Bereich die Grundlage
für die Marktanalysen der Vertriebsabteilung. An diesem
Beispiel sind die Interdependenzen der Aufgaben der
einzelnen Bereiche zu erkennen. Diese haben Abstim-
mungsprobleme, ständige Änderungen und Angleichun-
gen zur Folge. Eine Aufgabenintegration durch das S.E.-
Team verkürzt die Iterationsschleifen zwischen den betei-

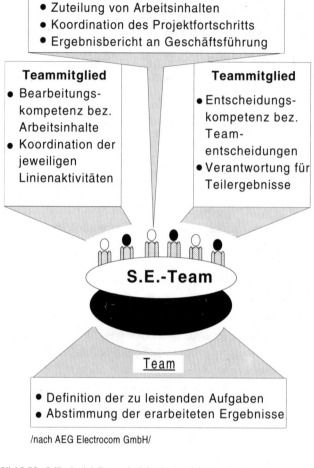

/nach AEG Electrocom GmbH/

Bild 2.58: Fallbeispiel: Teamarbeit in der Produktentstehung

• Entwicklungszeit-
verkürzung durch
Aufgabenintegration

ligten Unternehmensbereichen bei der Produktentstehung und schafft Synergieeffekte.

Am Beispiel eines weiteren Automobilherstellers des Arbeitskreises ist im Bild 2.60 die Zusammensetzung eines S.E.-Teams für die Entwicklung eines Automobils gezeigt. Es handelt sich hierbei um ein erweitertes Projektteam, wohingegen das im Bild 2.59 dargestellte S.E.-Team als Kernteam zu verstehen ist.

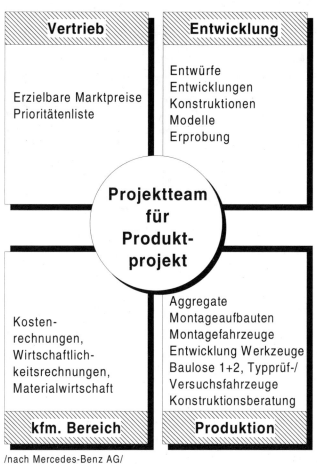

Vertrieb	Entwicklung
Erzielbare Marktpreise Prioritätenliste	Entwürfe Entwicklungen Konstruktionen Modelle Erprobung

Projektteam für Produktprojekt

kfm. Bereich	Produktion
Kosten- rechnungen, Wirtschaftlich- keitsrechnungen, Materialwirtschaft	Aggregate Montageaufbauten Montagefahrzeuge Entwicklung Werkzeuge Baulose 1+2, Typprüf-/ Versuchsfahrzeuge Konstruktionsberatung

/nach Mercedes-Benz AG/

Bild 2.59: Aufgabenintegration im Projektteam

2.4.2.3 Organisation des Simultaneous Engineering Teams

Die Zusammensetzung eines Simultaneous Engineering Teams für ein Produktprojekt ist abhängig vom Projektfortschritt. Am Beispiel eines Anlagenbauers ist im Bild 2.61 die Teamzusammensetzung gemäß des im Kapitel 2.4.2.1 erläuterten „Antennenmodells" für die einzelnen Phasen der Produktentstehung dargestellt. Bei dieser phasenorientierten Teamzusammensetzung wird zwischen dem „Kernteam" und dem „erweiterten Projektteam" unterschieden.

• Phasenorientierte Teamzusammen-
setzung:
- Kernteam
- Erweitertes Team

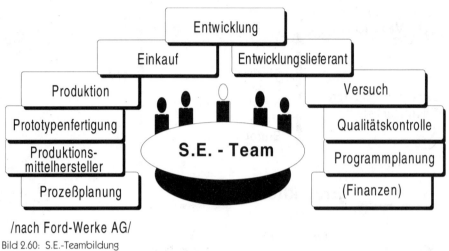

/nach Ford-Werke AG/

Bild 2.60: S.E.-Teambildung

Die Bildung des Kernteams liegt hierbei bereits vor dem Start des eigentlichen Projektes in der sogenannten Vorphase. Das anfangs nur aus dem Kernteam und einem Teamleiter bestehende Team wird während der Konzeptphase durch das erweiterte Projektteam unterstützt. Dieses besteht aus einzelnen, bei Bedarf aus den Fachbereichen hinzugezogenen Spezialisten.

Mit dem Arbeitsfortschritt in der Konzeptphase wird das Team hierbei kontinuierlich um geeignete Mitarbeiter erweitert. Bei der Konzeptfreigabe hat das Team seine maximale Größe erreicht. Diese Teamgröße bleibt bis zur Fertigungsfreigabe gleich, wobei die Mitglieder, die zum erweiterten Team gehören, je nach Bedarf wechseln, so daß immer die gerade für den jeweiligen Projektstand benötigten Fachleute das Kernteam unterstützen.

Die Organisation des S.E.-Teams geschieht in Abhängigkeit vom Projektstand. Das Fallbeispiel eines Elektronikzulieferers aus dem Arbeitskreis verdeutlicht die Teamorganisation über den Projektverlauf während der einzelnen Projektphasen (Bild 2.62). Das Projektteam, in diesem Fall das Kernteam, wird hierbei schon in der Anlaufphase bzw. vor Beginn des eigentlichen Projektes gebildet. Aufgabe dieses Teams ist es, bereits in der Definitionsphase des Projektes beim Kunden mitzuwirken. In der Entwicklungsphase wird vom Team der Entwicklungsstand analy-

• Wechselnde Teammitglieder je nach Projektstand

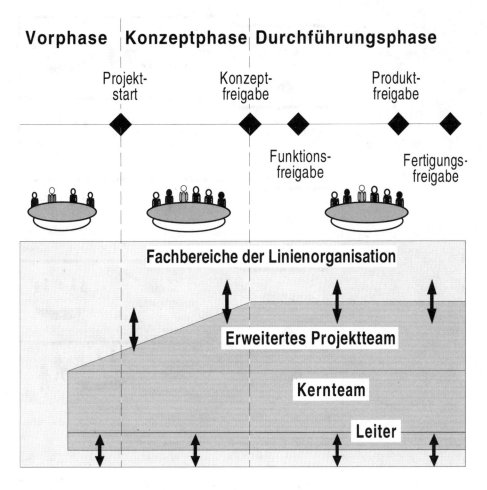

Vorphase Konzeptphase Durchführungsphase

/nach AEG Electrocom GmbH/

Bild 2.61: Phasenorientierte Teamorganisation (I)

siert und gegebenenfalls verbessert. Nach abgeschlossener Entwicklung wird die Qualität des Produktes vom Kernteam bewertet. Bei der anschließenden Vorserie leistet das Team Anlaufunterstützung, bis die nötige Serienreife erzielt ist. Erst nach diesem Zeitpunkt ist der S.E.-Teameinsatz beendet, und das Kernteam wird aufgelöst.

Eine Möglichkeit, das Projektteam in die gesamtbetrieblichen Abläufe zu integrieren, ist im Bild 2.63 dargestellt. Bei diesem Fallbeispiel eines Automobilherstellers werden zur Unterstützung des S.E.-Teams zwei weitere Gre-

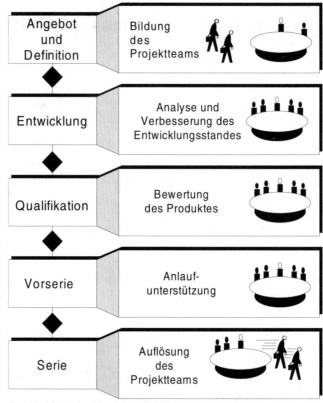

/nach Temic Telefunken Microelectronic GmbH/

Bild 2.62: Phasenorientierte Teamorganisation (II)

• „Gremien" unter-
stützen die Arbeit der
S.E.-Teams

mien in Form eines Beirats und eines Beratungsteams gebildet.

Der Beirat besteht hierbei aus den direkten Vorgesetz-
ten der Kernteammitglieder und einem Fachprojektleiter.
Der Beirat

– sorgt für die zur Projektbearbeitung notwendigen Ressourcen und Hilfsmittel,
– wird regelmäßig über den Projektstand informiert,
– berät das Team bei kritischen Situationen und Entscheidungen und
– entlastet das Team zu definierten Meilensteinen.

Im Beratungsteam sind 5-7 Mitarbeiter aus verschiedenen
Fachabteilungen und Vorstandsbereichen involviert. Dieses Team hat die Aufgabe,

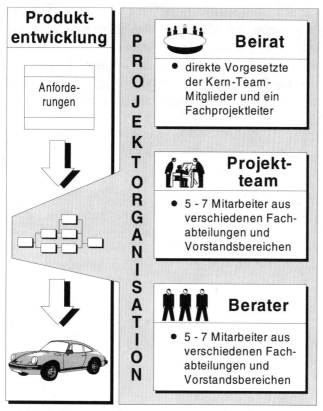

nach Porsche AG/

Bild 2.63: Fallbeispiel Projektorganisation

– zu bestimmten Fachthemen das Kernteam zu beraten und zu unterstützen sowie
– den Informationsaustausch mit dem Kernteam durch „Patenschaften" direkt aufrechterhalten.

Das Kernteam selbst rekrutiert sich aus allen zur ganzheitlichen Bearbeitung der Entwicklungsaufgabe notwendigen Mitarbeitern aus den verschiedenen Fachabteilungen und Vorstandsbereichen. Die Teammitglieder sind neben ihrer fachlichen Qualifikation insbesondere auch sozial kompetente „Abgeordnete" ihrer Abteilung und bringen das dort vorhandene Know-how in die Projektarbeit ein. Zur eindeutigen Abgrenzung besteht zwischen den Fachbereichen und dem Projektteam keinerlei gegenseitiges Weisungsrecht.

Durch die Gremien „Beirat" und „Berater" verfügt das Projektteam über die notwendige „Rückendeckung" bei kritischen Situationen. Die Besetzung dieser Gremien mit hochrangigen Mitarbeitern garantiert dem Projektteam diejenige Machtkompetenz, die es benötigt, um erfolgreich ein Produktentstehungsprojekt abwickeln zu können.

3 Umsetzung des Simultaneous Engineering

3.1 Randbedingungen für die Realisierung

Simultaneous Engineering fängt in den Köpfen der Mitarbeiter an! Ausgangspunkt jeder Verbesserung ist das Problembewußtsein im Hinblick auf organisatorische und technologische Schwachstellen. Das Erkennen von Unzulänglichkeiten und die Zustimmung zur bewußten Veränderung sind die Aufgaben des Top-Managements. Eine Umsetzung derart weitreichender Strategien wie der des Simultaneous Engineering bedürfen der vorbehaltlosen Zustimmung entscheidungsstarker und einflußreicher Mentoren. Ausgehend von einer entsprechenden Initiative ist die Qualifikation bzw. Fortbildung des mittleren Managements anzustreben, da auf dieser Ebene des Unternehmens über Erfolg oder Mißerfolg der Einführung von Simultaneous Engineering entschieden wird.

Simultane Arbeitsweisen verlangen zum Teil einschneidende Änderungen von zeitweise über sehr lange Zeiträume hinweg gewachsenen Abläufen und Organisationsstrukturen. Von diesen Änderungen ist das mittlere Management am nachhaltigsten betroffen. Zuständigkeiten sind neu zu definieren, Aufgaben- und Verantwortungsbereiche neu zu bilden. Diese direkt auf den Einzelnen wirkenden Veränderungen können im Vorfeld der Umsetzung zu Ängsten und Vorbehalten führen, die bis zur Ablehnung und zum Widerstand gegen die Einführung neuer Organisationskonzepte führen. Der Abbau solcher oftmals unterschwellig vorhandenen Barrieren ist durch gezielte Schulung, offene Kommunikation und sachorientiertes Entscheidungsverhalten möglich.

• Simultaneous Engineering fängt in den Köpfen der Mitarbeiter an!

• Akzeptanzbarrieren gegen neue Konzepte müssen abgebaut werden

• S.E. stellt weitrei-
chende Anforderun-
gen an Mitarbeiter

Neue Organisationskonzepte wie das des Simultaneous Engineering stellen weitreichende Anforderungen an die eingebundenen Mitarbeiter (Bild 3.1).

Umfragen im Arbeitskreis haben ergeben, daß die Faktoren Akzeptanz, Problembewußtsein und Ganzheitsdenken zu den wichtigsten Anforderungen gehören. Diese Einschätzung basiert auf den Erfahrungen, die die Mitglie-

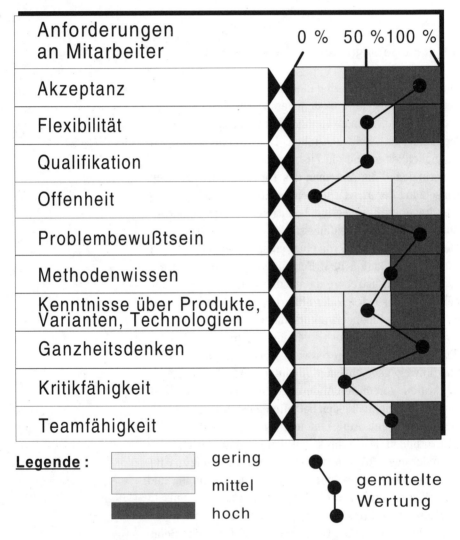

Bild 3.1 Mitarbeiterbezogene Anforderungen zur Realisierung von S.E.

der des Arbeitskreises bei der Einführung von S.E. gemacht haben. Wichtigste Erkenntnis ist, daß das „not-invented-here"- Syndrom insbesondere in der Produktentstehung das Denken der Mitarbeiter nicht bestimmen darf. Daher ist die Akzeptanz in bezug auf neue innovative Lösungen von entscheidender Bedeutung. Hierzu ist die Fähigkeit erforderlich, Suboptima zu erkennen und im Sinne eines Gesamtoptimums zu verbessern. Auch eigene oder in der eigenen Abteilung entwickelte Ideen und Lösungen müssen dabei zur Disposition stehen können. Wichtig hierfür ist ein Problembewußtsein, das auf die übergeordnete Handlungsmaxime der Kundenorientierung ausgerichtet ist. Der Kundenwunsch bzw. die Marktanforderungen sollten Grundlage jeder entsprechend relevanten Entscheidung in der Produktentstehung sein. Das erfordert ein ganzheitliches Denken im Hinblick auf das Produkt, die relevanten Produktionsmittel und die zur Entwicklung und Herstellung erforderlichen Abläufe.

• Ganzheitliches Denken wird verlangt!

Um die Produktentstehungszeit zu verkürzen und die dazu notwendigen simultanen Arbeitsweisen zu realisieren, müssen leistungsfähige Methoden und Hilfsmittel zur Planung und Entscheidungsunterstützung eingesetzt werden.

An diese Methoden und Hilfsmittel zur Unterstützung des Simultaneous Engineering werden von seiten der Mitarbeiter und der Unternehmensführung Anforderungen gestellt, die im Arbeitskreis ebenfalls untersucht wurden (Bild 3.2).

• Mitarbeiter stellen Anforderungen an Methoden und Hilfsmittel

Der Einsatz von Methoden und Hilfsmitteln ist nur sinnvoll, wenn diese einen hohen Nutzen garantieren. Daneben sind deren einfache Handhabung und die Benutzerfreundlichkeit von entscheidender Bedeutung. Die Qualität der erzielten Ergebnisse hängt in erster Linie von der richtigen und sorgfältigen Bearbeitung durch die Mitarbeiter ab. Voraussetzung dafür sind Kenntnisse über die Methodengrundlagen und Übung im Hinblick auf die Anwendung der jeweiligen Methode. Eine große Benutzerfreundlichkeit sowie eine einfache Handhabung tragen daher wesentlich zum erfolgreichen Einsatz von Methoden und Hilfsmitteln bei. In diesem Zusammenhang ist bemerkenswert, daß nicht in jedem Fall eine EDV-Unterstützung ge-

• Erfolgreicher Einsatz durch Benutzerfreundlichkeit

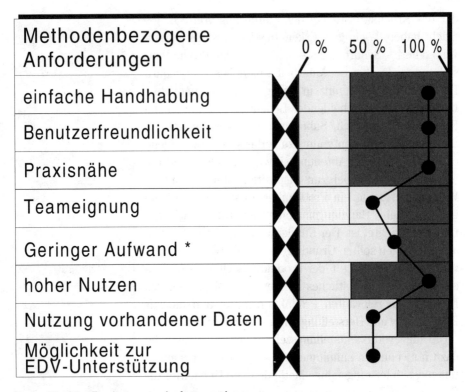

*z.B. für Beratung, Informations-
beschaffung, MA-Qualifikation

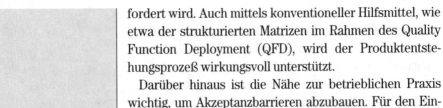

Basis: 11 Interviews

Bild 3.2: Anforderungen an Methoden und Hilfsmittel zur Unterstützung von S.E.

fordert wird. Auch mittels konventioneller Hilfsmittel, wie
etwa der strukturierten Matrizen im Rahmen des Quality
Function Deployment (QFD), wird der Produktentstehungsprozeß wirkungsvoll unterstützt.

Darüber hinaus ist die Nähe zur betrieblichen Praxis
wichtig, um Akzeptanzbarrieren abzubauen. Für den Einzelnen sollte der Nutzen eines Einsatzes neuer Methoden
und Hilfsmittel offenkundig sein. Die Kombination von

Wissen über den Methodeneinsatz und die Erwartung einer Effizienzsteigerung der täglichen Arbeit sichert die erforderliche Akzeptanz.

Weitere Forderungen betreffen z.B. die Möglichkeit, auf die vorhandene Datenbasis im Unternehmen zurückgreifen zu können, um den Aufwand für Informationsbeschaffung gering zu halten.

Insgesamt läßt sich festhalten, daß der unmittelbare Nutzen von Methoden und Hilfsmitteln nicht als alleinige Anforderung betrachtet werden darf. Die Erfahrungen aus dem Arbeitskreis zeigen vielmehr, daß der erfolgreiche Einsatz von Methoden und Hilfsmitteln zur Unterstützung von Simultaneous Engineering wesentlich von den o.g. weiteren Faktoren abhängt.

- Hoher Nutzen darf nicht alleinige Anforderung sein

3.2 Umsetzungsbeispiele

In diesem Kapitel wird die Umsetzung des Simultaneous Engineering in der Praxis anhand von Fallbeispielen aus Firmen des Arbeitskreises vorgestellt.

3.2.1 Kooperative Entwicklung von Autoglasscheiben

Dieses Fallbeispiel soll die Zusammenarbeit zwischen Hersteller und Zulieferer im Rahmen einer Produktentstehung verdeutlichen. Der im Bild 3.3 dargestellte Ablauf der Scheibenentwicklung wird ausgelöst durch die Anfrage eines Kunden (z.B. Automobilhersteller) beim Scheibenzulieferer.

Nach Erhalt des Lastenheftes vom Kunden und der gemeinsamen Erarbeitung des Pflichtenheftes mit dem Kunden wird mit der Berechnung der geometrischen Ausweitung der Scheibe begonnen. In diesem Arbeitsschritt werden die technischen Charakteristika der Scheibe festgelegt. Für das Produkt „Scheibe" werden im weiteren von der Regelflächenberechnung bis hin zur NC-Programmerstellung alle für die Herstellung des Produktes notwendigen Entwicklungsschritte durchgeführt. Hierbei erfolgt ein ständiger Abgleich mit dem Kunden, ob sich die im

- Beispiel für Zusammenarbeit zwischen Hersteller und Zulieferer

- Ständiger Abgleich mit dem Kunden

● Aufbau von exter-
nen und internen
Regelschleifen

Pflichtenheft definierten Anforderungen und Rahmenbedingungen verändert haben. Aus diesem Grund wird
zwischen dem Kunden und dem Scheibenzulieferer eine
externe Regelschleife aufgebaut. Darüber hinaus existiert
eine interne Regelschleife, mittels der die Ergebnisse aus
den einzelnen Arbeitsschritten immer wieder überprüft
werden. Beide Regelschleifen sind als iterative Prozesse
zu verstehen und sind im Bild 3.3 vereinfacht dargestellt.

Die interne Regelschleife bzw. die einzelnen Entwicklungsschritte werden solange durchlaufen, bis das Produkt den Anforderungen genügt. Hierbei wird ständig
überprüft, ob die Ergebnisse der einzelnen Arbeitsschritte
noch den im Pflichtenheft definierten Anforderungen ent-

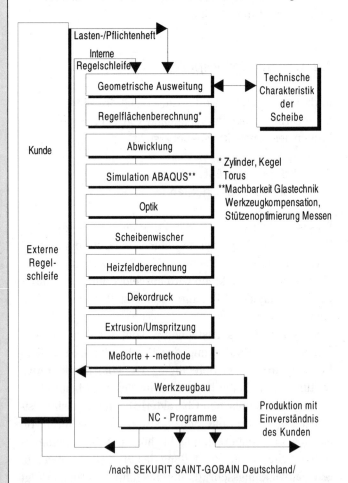

Bild 3.3: Prinzipieller Ablauf einer Scheibenentwicklung

sprechen oder ob korrigiert werden muß. Das auf diese Weise entwickelte Produkt wird anschließend dem Kunden vorgestellt und zur Produktion freigegeben. Durch die intensive Zusammenarbeit zwischen Kunden und Hersteller wird die Zufriedenheit des Kunden gesteigert. Dieser ist in den Entwicklungprozeß mit eingebunden, wodurch ein Produkt entsteht, welches den Anforderungen des Kunden voll entspricht.

3.2.2 Reduzierung der Entwicklungszeit bei Außenhautteilen eines PKW durch zeitliche Entkopplung von Tätigkeiten

Gegenstand dieses Fallbeispiels ist das Außenhautteil einer PKW-Karosserie. Anhand dieses Bauteiles wird gezeigt, wie sich die Entwicklungszeiten durch Parallelisierung der Einzelentwicklungsaktivitäten aufgrund des Einsatzes neuer CA-Technologien verkürzen lassen.

• Entwicklungszeitverkürzung durch Einsatz neuer CA-Technologien

Im Bild 3.4 ist der heutige sequentielle Ablauf der Entwicklung eines Außenhautteiles für ein Automobil dargestellt. Zum Beispiel beträgt die gesamte Durchlaufzeit für die Entwicklung eines hinteren Kotflügels 41 bis 44 Monate.

Die Entwicklung des Kotflügels beginnt mit der Erstellung des Studiomodells. Dieses Modell stellt die Basis für alle weiteren Entwicklungsarbeiten dar. Bei der sequentiellen Abfolge der Entwicklungsschritte erfolgt im Istablauf nach der Studiomodellerstellung die Generierung von CAD-Flächendaten aus dem Schnittmodell. Die anschließende Konstruktion der Einzelteile wird unter Verwendung der CAD-Flächendaten durchgeführt. Die hierauf folgende Urmodellerstellung erfolgt auf Basis der Einzelteilkonstruktionen. Mit dem Urmodell wird die Ziehanlage erstellt, welche Grundlage für die Entwicklung der Umformwerkzeuge ist. Nach der Werkzeugkonstruktion, der Werkzeugfertigung, -montage und Einarbeitung werden die Umformwerkzeuge und Preßteile erprobt und abgenommen.

• Früher: Sequentieller Ablauf bei der Entwicklung von Außenhautteilen

Ansatzpunkte zur Verkürzung der Entwicklungszeit für die Außenhautteile sind an zwei Stellen zu identifizieren:

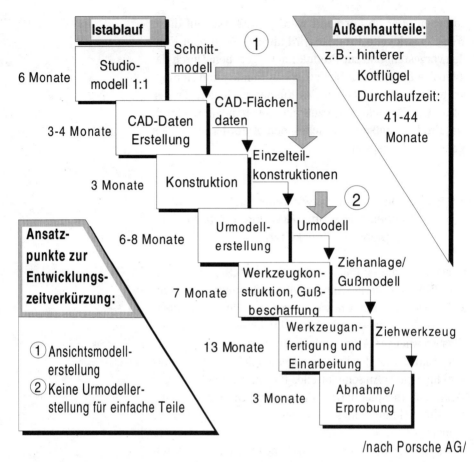

Bild 3.4: Istablauf und Möglichkeiten zur Reduzierung der Entwicklungszeit bei Außenhautteilen eines PKW

– Durch eine Erstellung des Ansichtmodells auf Basis der Schnittdaten können die Einzelteile parallel konstruiert werden. Voraussetzung hierfür ist die Einführung eines Designsystems.

– Durch die Einführung einer durchgängigen CA-Kette entfällt die Urmodellerstellung als Voraussetzung für die Werkzeugkonstruktion.

Die Abläufe nach Einführung eines Designsystems (CAS) und dem Aufbau einer durchgängigen CA-Kette sind im Bild 3.5 dargestellt. Hier wird deutlich, welche Parallelisierungs- und Zeitpotentiale durch die Einführung dieser Systeme im Sollzustand erschlossen werden können.

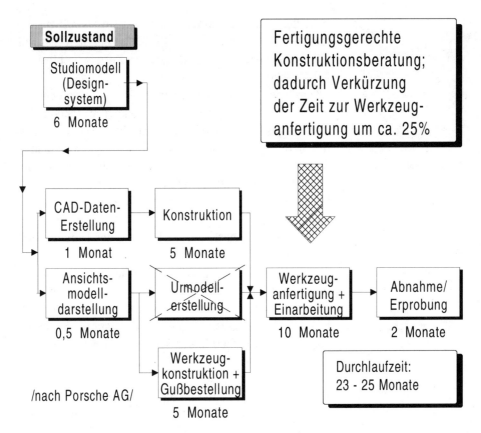

Bild 3.5 Sollzustand der Produktentwicklung

Zunächst wird das Designmodell mit Hilfe des Designsystems erstellt. Dieses birgt zwar kein direktes Potential zur Verkürzung der Durchlaufzeit bei der Studiomodellerstellung selbst, die Auswirkungen auf den Gesamtprozeß sind jedoch nicht zu unterschätzen. Der Zeitbedarf für die Erstellung der CAD-Daten konnte von vier Monaten auf einen Monat verkürzt werden, wenn die Daten des Studiomodells aus dem Designsystem übernommen werden. Diese Zeitersparnis begründet sich vor allem durch Wegfall der Generierung der CAD-Flächendaten aus dem Schnittmodell.

Die anschließende Konstruktion wird zwar auf den ersten Blick zeitlich ausgedehnt, der Gesamtablauf ist aber erheblich kürzer als vorher. Im Ist-Ablauf liefert die Konstruktion lediglich Einzelteilkonstruktionen, die in der Ur-

• Integration durch Einsatz eines Designsystems

modellerstellung aufwendig zu einem Gesamtteil zusammengesetzt werden müssen. Probleme bereiten hier vor allem die Übergänge und Radien der Einzelteile hinsichtlich Paßgenauigkeit.

• Parallelisierung von Blechteil- und Werkzeugkonstruktion

Durch den Einsatz des Designsystems kann statt des Urmodells direkt aus dem Studiomodell ein Ansichtsmodell im Designsystem erstellt werden. Dies bedeutet, daß durch die systemgestützte Erzeugung des Ansichtsmodells das Werkzeug unabhängig von den Blechteilen konstruiert werden kann. Dadurch sind diese Tätigkeiten zeitlich voneinander entkoppelbar und können folglich parallel ablaufen.

• Fertigungs- und montagegerechte Werkzeugkonstruktion wird durch Konstruktionsberatung ermöglicht

Ein weiterer Ansatz zur Verkürzung der Durchlaufzeit ist die Einführung einer fertigungstechnischen Beratung für die Werkzeugkonstruktion. Hier kann im Vorfeld bereits durch Einflußnahme der Umformspezialisten aus dem Werkzeugbau die Fertigungs- und Montagegerechtheit der Werkzeuge sichergestellt sowie auf die Erfahrungen bezüglich aufgetretener Probleme in der Vergangenheit zurückgegriffen werden. Dadurch verkürzt sich sowohl die Werkzeuganfertigung als auch der Try-Out um insgesamt drei Monate und die Abnahme und Erprobung der Werkzeuge um einen Monat. Dies entspricht einer Reduzierung der Durchlaufzeit um ca. 25%.

• Entwicklungszeitverkürzung insgesamt 40%

Die Umsetzung der Maßnahmen führt zu einem Zeitbedarf von insgesamt 23-25 Monaten vom Studiomodell bis zu den erprobten, serienreifen Werkzeugen. Der Einsatz von CA-Technologien und die Einführung einer fertigungstechnischen Konstruktionsberatung ermöglicht eine zeitliche Entkopplung von Tätigkeiten. Dadurch kann die Gesamtentwicklungzeit bei der Geometriekette für Außenhautteile um mehr als 40% reduziert werden.

3.2.3 Optimierung der Entwicklung durch Strukturierung der Aufgaben

• Parallelisierung durch Bereitstellung von Vorabinformationen

Zur Verkürzung der Entwicklungszeit stehen neben der zeitlichen Entkopplung der Tätigkeiten noch weitere Möglichkeiten zur Verfügung. Im folgenden wird gezeigt, wie Informationen vorab bereitgestellt bzw. Vorabinformationen durch geeignete Strukturierung erzeugt werden. Damit werden die Voraussetzungen für eine Parallelisierung von Planungsabläufen geschaffen. Ein Beispiel hierfür ist die Entwicklung und Produktion der Kunststoffgehäuse von Elektrowerkzeugen.

Diese Gehäuse werden im Spritzgußverfahren hergestellt. Aufgrund der langen Vorlaufzeiten bei der Herstellung von Spritzgußformen stellt die Entwicklung der Formteile meist den zeitkritischen Pfad bei der Entwicklung von Elektrowerkzeugen dar. Im Bild 3.6 ist der Ist-Zustand der Gehäuseentwicklung dargestellt. Es erfolgt der Start des Formenbaus erst, nachdem sowohl der Gehäuseprototyp, die Zeichnung als auch Erstmuster gemeinsam in Form eines Reviews freigegeben werden. Hierbei ist das Erstmuster eine „kritische" Informationseinheit. Dies bedeutet, daß sowohl bei der Information „Prototyp" als auch bei der „Zeichnung" Liegezeiten zwischen Informationserzeugung und Informationseinbin-

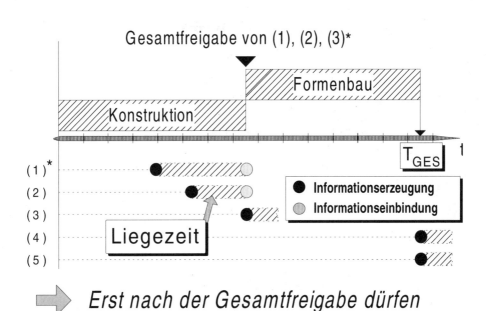

Erst nach der Gesamtfreigabe dürfen Kosten für Externe verursacht werden!

*Legende: (1) Prototyp, (2) Zeichnung, (3) Erstmuster,
/nach Bosch GmbH/   (4) Spritzgußform, (5) Serienmuster

Bild 3.6: Istzustand der Entwicklung eines Kunststoffgehäuses

dung, d.h. der Weiterverwendung der erzeugten Information, auftreten.

- Reduzierung der Durchlaufzeiten durch Vorabfreigaben

Ein erster Ansatz zur Reduzierung der Durchlaufzeit ist die im Bild 3.7 dargestellte Vorabfreigabe des Prototyps. Hierbei kann durch die Parallelisierung von Teilprozessen eine Zeitverkürzung erzielt werden. Das Splitten von Entwicklungsaufgaben in Form von Vorabfreigaben erfordert ein abgestimmtes Informationsmanagement, um die Risiken aufwendiger Änderungen zu minimieren. Hierzu gehört als wichtigstes Element die Definition von Freigabeprozeduren, den Regeln und Vorgehensweisen, mit denen beispielsweise durch Vorabfreigaben Teilergebnisse für die Weiterverarbeitung freigegeben werden können.

- Freigabeprozeduren als Steuerungsinstrument für Vorabfreigaben

Durch die Einführung der Vorabfreigabe des Prototyps kann bereits nach Erstellung und positiver Beurteilung des Prototypen mit dem Formenbau für die Werkzeuge

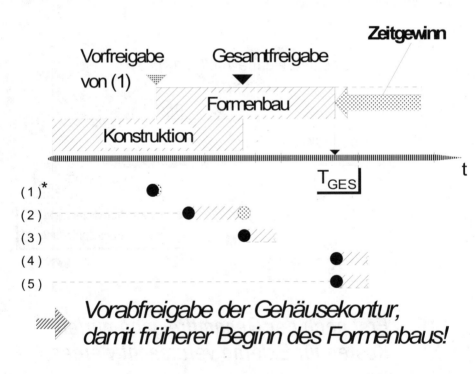

Vorabfreigabe der Gehäusekontur, damit früherer Beginn des Formenbaus!

* *Legende: (1) Prototyp, (2) Zeichnung, (3) Erstmuster, (4) Spritzgußform, (5) Serienmuster*

/nach Bosch GmbH/

Bild 3.7: 1. Optimierung durch Vorabfreigabe

des Kunststoffgehäuses begonnen werden. Der Formenbau wird zeitlich nach vorne verlagert, was eine direkte
Reduzierung der Gesamtentwicklungsdauer eines Elektrowerkzeuges mit sich bringt, da die Entwicklung der
Formteile auf dem kritischen Pfad der Elektrowerkzeugentwicklung liegt.

Der Entwicklungsprozeß wird weiter optimiert, indem
eine Trennung von Außen- und Innenkontur des Kunststoffgehäuses vorgenommen wird (Bild 3.8).

• Weitere Parallelisierung durch Splitten
von Informationen

Formteil

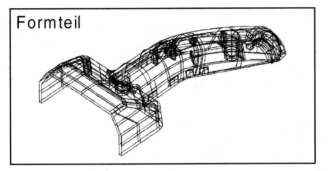

Formteilaußenseite

Formteilinnenseite

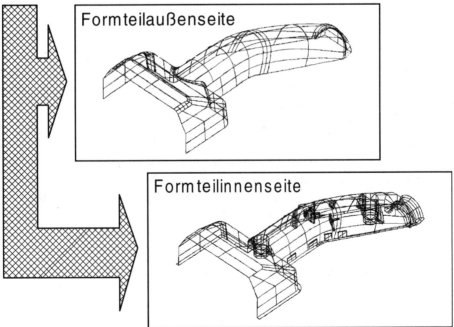

/nach Bosch GmbH/

Bild 3.8: Beispiel zur Strukturierung der Entwicklungsaufgabe

An diesem Beispiel wird gezeigt, daß sich die Aufgabe „Entwicklung eines Gehäuses" splitten läßt in:

– „Entwicklung der Formteilaußenseite" und
– „Entwicklung der Formteilinnenseite".

Dies bietet Vorteile, da die Außenkonturen der Elektrowerkzeuge trotz ihrer Eigenschaft als technische Gebrauchsgüter sehr stark „designbestimmt" sind.

- Beispiel zur Informationssplittung: Trennen von Außen- und Innenkontur beim Elektrowerkzeuggehäuse

Durch die bessere Strukturierung der Aufgabe liegt als erstes ein Design-Modell vor. Erst nach der Design-Entscheidung wird das Produkt technisch entwickelt und spezifiziert. Die beiden Konturen des Gehäuses sind somit in einem gewissen Grade voneinander unabhängig und müssen deshalb nicht zeitgleich entwickelt werden. Somit können Aktivitäten für die Entwicklung der Gehäuseaußenkontur angestoßen werden, bevor die Gehäuseinnenkontur mit den Verrippungen und der Aufnahme von Schaltern endgültig festliegt. Auf diese Weise lassen sich Werkzeugkonstruktion und Werkzeugbau noch früher in den Entwicklungsablauf einbinden (Bild 3.9).

Durch die Strukturierung der Entwicklungsaufgaben und der Informationen wird es möglich, bereits vorliegende Ergebnisse bzw. Teilergebnisse durch Vorabfreigaben für die weiteren Entwicklungsarbeiten frühzeitig bereitzustellen. Dadurch wird eine Parallelisierung der Aktivitäten in der Produktentstehung erreicht.

- Frühe Marktpräsenz wichtiger als Risiko bei Vorabfreigaben

Vorabfreigaben, wie sie hier aufgezeigt werden, bergen jedoch auch ein gewisses Änderungsrisiko, da bereits vor der Gesamtfreigabe des Produktes Kosten für externe Leistungen verursacht werden. Dieses Risiko wird im vorliegenden Fall allerdings in Kauf genommen, da für das Unternehmen der Zeitgewinn mit der Option einer frühen Marktpräsenz wesentlich höher zu bewerten ist.

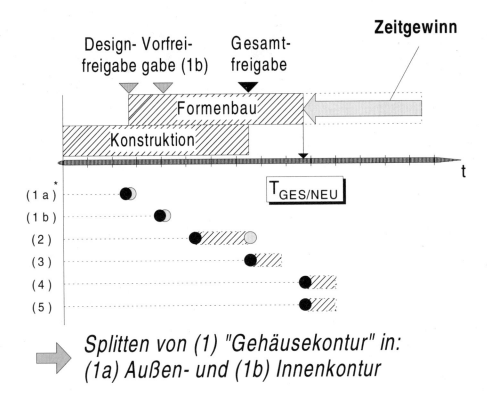

Splitten von (1) "Gehäusekontur" in:
(1a) Außen- und (1b) Innenkontur

* Legende: (1) Prototyp, (2) Zeichnung, (3) Erstmuster,

/nach Bosch GmbH/   (4) Spritzgußform, (5) Serienmuster

Bild 3.9: 2. Optimierung mittels Zeitverkürzung durch Informationsstrukturierung

4 Zusammenfassung und Ausblick

Veränderte Rahmenbedingungen, hervorgerufen durch dynamische Märkte und ein verstärktes Wettbewerbsumfeld, erhöhen den Druck auf die Unternehmen, mit neuen, qualitativ besseren Produkten schneller als die Konkurrenz auf dem Markt präsent zu sein. Dies erfordert Maßnahmen zur Entwicklungszeitverkürzung bei gleichzeitiger Berücksichtigung von Kosten und Qualität des Produktes. Zur Steigerung der Effizienz und Effektivität im Produktentstehungsprozeß ist mit dem Simultaneous Engineering zweifellos das innovativste organisatorische Integrationskonzept der letzten Jahre geschaffen worden.

• Simultaneous Engineering ist ein innovatives Integrationskonzept

Die Grundidee des Simultaneous Engineering ist die Parallelisierung vormals streng sequentiell durchgeführter Abläufe bei der Produkt- und Prozeßgestaltung. Durch die parallele Gestaltung von Produkt und Prozeß wird eine frühzeitige Abstimmung von Entscheidungen bereits in der Konzeptphase ermöglicht, wodurch zeit- und kostenintensive Änderungen in der späteren Realisierungsphase vermieden werden können.

Alle technischen Ergebnisse, die im Rahmen einer Produktentstehung erarbeitet werden, sind dabei an den übergeordneten Anforderungen des Marktes oder des potentiellen Kunden auszurichten:

„Der Kundenwunsch ist die Handlungsmaxime aller am Produktentstehungsprozeß Beteiligten!"

Die Realisierung des Simultaneous Engineering erfordert die Aufhebung der in den meisten Unternehmen vorzufindenden tayloristisch geprägten Denk- und Arbeitsweisen. Umsomehr ist eine teamorientierte und bereichsübergreifende Zusammenarbeit sowie ein intensiver Informationsaustausch mit allen am Produktentstehungspro-

• Eine Änderung tayloristischer Denk- und Arbeitsweisen ist erforderlich

• Arbeitskreis Simultaneous Engineering ermöglicht den Erfahrungsaustausch

• Simultaneous Engineering hilft, Potentiale zu erschließen

• Kreativitäts- und Gestaltungsfreiräume müssen erhalten bleiben

zeß Beteiligten notwendig. Aufgrund dieses Paradigmenwechsels ist die Einführung des Simultaneous Engineering in vielen Unternehmen bisher nur zögerlich erfolgt. Besonderes Augenmerk ist also auf die Realisierung des Simultaneous Engineering zu legen.

In diesem Buch sind deshalb Konzepte des Simultaneous Engineering, wie sie in der Praxis zu finden sind, beschrieben. Die erfolgreiche Umsetzung dieser Konzepte ist anhand von Fallbeispielen aus den Firmen des Arbeitskreises „Simultaneous Engineering" belegt. Hierzu gehören u.a. Methoden und Hilfsmittel zur Zieldefinition, wie z.B. die Erstellung eines Simultaneous Engineering konformen Lasten-/Pflichtenheftes. Ein wichtiges Element ist die prozeßorientierte Gestaltung der Abläufe mit Hilfsmitteln, wie Phasenkonzepten oder dem produktneutralen Entwicklungsplan. Für die operative Durchführung von Simultaneous Engineering Projekten sind entsprechende praxisnahe Organisationsformen des Projektmanagements und der S.E.-Teameinsatz erforderlich. Der Einsatz ausgewählter Methoden, wie z.B. das Quality Function Deployment (QFD) oder der Technologiekalender als ein Hilfsmittel zur Technologieplanung, ist ein weiterer wichtiger Aspekt des Simultaneous Engineering.

Durch eine erfolgreiche Realisierung der Konzepte des Simultaneous Engineering werden die Entwicklungszeiten bis zu 50 Prozent verringert sowie eine ca. 30-prozentige Herstellkostenreduzierung und eine ca. 20-prozentige Qualitätsverbesserung des Produktes erreicht.

Bei all diesen Erfolgen des Simultaneous Engineering muß berücksichtigt werden, daß Innovationserfolge auf der Erfindungskunst, dem Pioniergeist, der Innovationsfreude und der Risikobereitschaft einzelner Menschen beruhen. Das Dilemma einer Optimierung der Produktentstehung ergibt sich also aus der gleichzeitigen Forderung nach Bewahrung von Kreativitätsfreiräumen und effizienten, ressourcenoptimierten Organisationsstrukturen. Das Simultaneous Engineering birgt noch weitere Potentiale, die durch die Gestaltung und Optimierung von Organisation, Technologie, aber auch Humanressourcen erschlossen werden können (Bild 4.1).

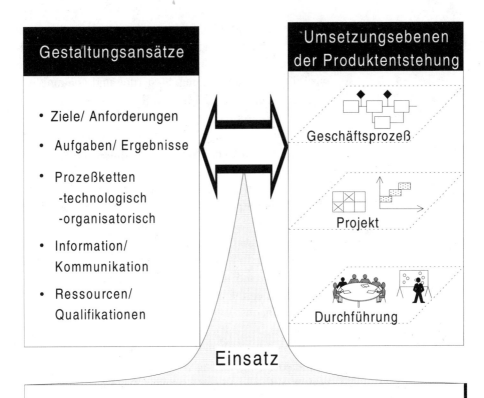

Bild 4.1: Ausblick: Simultaneous Engineering orientierte Produktentstehung

Produktentstehungsprojekte können auf Basis neutraler Prozeßketten gezielt gestaltet werden. Die Forderung nach der zeitlichen Parallelisierung bzw. Überlappung und die Integration stehen dabei im Vordergrund. Sowohl die inhaltlichen Aspekte der Aufgabenintegration und die Zusammenführung von Entscheidungs- und Bearbeitungskompetenz in den S.E.-Teams als auch ein anforderungsgerechtes Informationsmanagement sind die wesentlichen Aspekte einer umfassenden Integration von Planungsabläufen.

• Neuartiges Pro-
jektmanagement
schafft Freiräume

Ein neuartiges und auf die spezifischen Anforderungen des Simultaneous Engineering zugeschnittenes Projektmanagement ist ein wichtiges Ziel. Aufbauend hierauf wird die effiziente Planung, Steuerung und Lenkung von S.E.-Projekten möglich. Gleichzeitig wird sichergestellt, daß dem Menschen – im Mittelpunkt der Produktentstehung – die Freiräume geschaffen werden, die zur kreativen und innovativen Gestaltung zukunftsweisender Produkte erforderlich sind.

Die einzelnen Beispiele in diesem Buch zeigen, wie man Simultaneous Engineering in die Tat umsetzt. Dabei stehen die Gestaltungsfelder Technik und Organisation im Vordergrund. Da der Mensch jedoch die Organisation und Technik beeinflussen und gestalten kann, gilt der folgende Leitsatz für eine erfolgreiche Realisierung des Simultaneous Engineering:

„Simultaneous Engineering beginnt in den Köpfen der Beteiligten!"

Zur Erschließung der vorhandenen Potentiale des Simultaneous Engineering werden die in diesem Buch vorgestellten Konzepte und Lösungen weiterentwickelt. Dies geschieht sowohl in der Industrie bei der sukzessiven Realisierung der Konzepte als auch an den Hochschulen, für die die vorliegenden Ergebnisse Anstöße und Anregungen für laufende und zukünftige Forschungsarbeiten geben. So wird es gemeinsam gelingen, den Schlüssel für den Erhalt der Wettbewerbsfähigkeit durch eine gesteigerte Effektivität und Effizienz des Produktentstehungsprozesses zu finden.

• Industrie und
Hochschule setzen
die gemeinsame
Zusammenarbeit fort!

5 Literaturverzeichnis

[Ar-Ko 93] Arenskötter, M.; Komorek, C.: Effiziente Produktentwicklung in der Metallverarbeitung – Status 1992/93. AGIPLAN-Studie im Auftrag des Institutes für Unternehmenskybernetik, Eigendruck, Mülheim a. d. Ruhr, 1993

[Boo 83] Boothroyd, G.; Dewhurst, P.: Design for Assembly. University of Massachussetts, Amhurst, USA 1983

[Boo 92] Boothroyd, G.; Alting, L.: Design for Assembly and Disassembly. In: Annals of the CIRP, Vol. 41/2/1992

[Bro 88] Brockhoff, K.: Die großen Drei im Test von Ghyczy, T.G.J. Manager Magazin, 10/1988

[Der 90] Dernbach, W.: Krise der traditionellen Arbeitsteilung im Unternehmen, Die Markt- und Wettbewerbsdynamik erzwingt Anpassung. Blick durch die Wirtschaft, FAZ v. 31.7.1990

[Ev 93] Eversheim, W.; Laufenberg, L.; Marczinski, G.: Integrierte Produktentwicklung mit einem zeitparallelen Ansatz. CIM-Management 1993, Nr. 2, S. 4-9

[Fro 92] Fromm, H.: Das Management von Zeit und Variabilität in Geschäftsprozessen. CIM-Management 1992, Nr. 5, S. 7-14

[Ha-Thu 93] Hauser, J.; Thurmann, F.: Prozeßmanagement und Systemunterstützung für Concurrent Engineering. CIM-Management 1993, Nr. 2, S. 17-22

[Hol 92] Holz, B.F.: Vom Zeit- zum Marktgewinn: Eine Integrationsaufgabe. VDI-Berichte Nr. 990, VDI-Verlag, Düsseldorf, 1992

[IPT 93a] Eversheim, W.; Böhlke, U.; Martini, C.; Schmitz, W.: Neue Technologien erfolgreich nutzen. Wettbewerbsfaktor Produktionstechnik-Teil 1, VDI-Z 136 (1993), Nr. 8, S. 78-81

[IPT 93b] Eversheim, W.; Böhlke, U.; Martini, C.; Schmitz, W.: Neue Technologien erfolgreich nutzen. Wettbewerbsfaktor Produktionstechnik-Teil 2, VDI-Z 136 (1993), Nr. 9, S. 47-52

[Lit 93] Litke, H.-D.: Projektmanagement: Methoden, Techniken, Verhaltensweisen. 2., überarbeitete und erweiterte Auflage, Carl Hanser Verlag, München, Wien, 1993

[NN 87] Projektwirtschaft, Projektmanagement, Begriffe DIN 69901. Beuth Verlag, Berlin, 1987

[NN 89a] Simultaneous Engineering wird Strategie der Zukunft. Produktion, 16.11. 89, S. 1

[NN 89 b] Begriffe der Projektwirtschaft, DIN Manuskriptdruck. Beuth Verlag, Berlin, 1989

[NN 93] Partner Hand in Hand, Simultaneous Engineering in der Praxis. Robotertechnik 1993, S. 8-10

[Pab 93] Pahl, G.; Beitz, W.: Konstruktionslehre. Springer Verlag, Berlin, Heidelberg, New York, 1993

[Rei 90] Reichwald, R.; Schmelzer, H. J.: Durchlaufzeiten in der Entwicklung. R. Oldenbourg Verlag, München, Wien, 1990

[Sch 92] Schuler, W.: Überblick gefragt, Methoden und Tools zur Sicherung der Qualität: Beispiele zum Aufbau von QS-Landkarten. QZ 37 (1992), S. 404-408

[VDA 86] Sicherung der Qualität vor Serieneinsatz. VDA, Frankfurt, 1986

[VDI 90] Kramer, G.; Schöler, H.R.: QFD-Quality Function Deployment; Eine Methode zur qualitätsgerechten Produkt- und Prozeßentwicklung. VDI Bildungswerk, 1990

[VDI 91] VDI/ VDE-Richtlinie 3694, Lasten-/ Pflichtenheft für den Einsatz von Automatisierungssystemen

[VDI 93] VDI-Richtlinie 2221, Methodik zum Entwickeln und Konstruieren technischer Systeme und Produkte

[Wa-Mo 92] Wade, F.: Morgan, B.D.: New mental models for improving new product introduction. Concurrent Engineering, PED-Vol. 59, ASME 1992, S. 453-461

[Wal 91] Wallisch, F.: Erprobte Lösungsansätze für den Know-how-Transfer zwischen den Fachbereichen während der Produktentwicklung. In: Bullinger, H.-J. (Hrsg.), 3. F&E Management-Forum, Verlag gfmt, München, 1991

[War 89] Warnecke, H.-J.: Entwicklungstendenzen in der technischen Betriebsführung in den USA und Europa, Organisation und Personalführung beim Einsatz neuer Technologien. Verlag TÜV Rheinland, Köln, 1989

[Wie 92] Wiedemayer, G.: Bausteine des Erfolgs, Organisation: Quantensprung durch Optimierung. Industrie Anzeiger 21 (1992), S. 40-41

Sachwortverzeichnis

Springer-Verlag und Umwelt

Als internationaler wissenschaftlicher Verlag sind wir uns unserer besonderen Verpflichtung der Umwelt gegenüber bewußt und beziehen umweltorientierte Grundsätze in Unternehmensentscheidungen mit ein.

Von unseren Geschäftspartnern (Druckereien, Papierfabriken, Verpackungsherstellern usw.) verlangen wir, daß sie sowohl beim Herstellungsprozeß selbst als auch beim Einsatz der zur Verwendung kommenden Materialien ökologische Gesichtspunkte berücksichtigen.

Das für dieses Buch verwendete Papier ist aus chlorfrei bzw. chlorarm hergestelltem Zellstoff gefertigt und im pH-Wert neutral.